U0719552

20几岁必须培养的"金"性格

雨枫/编著

企业管理出版社
ENTERPRISE MANAGEMENT PUBLISHING HOUSE

图书在版编目（CIP）数据

20 几岁必须培养的"金"性格／雨枫编著．—北京：

企业管理出版社，2011.9

ISBN 978-7-80255-877-9

Ⅰ．①2… Ⅱ．①雨… Ⅲ．①性格－青年读物 Ⅳ．①B848.6-49

中国版本图书馆 CIP 数据核字（2011）第 181837 号

书　　名：20 几岁必须培养的"金"性格

作　　者：雨　枫

策划编辑：杨亚琼

责任编辑：谢晓绚

书　　号：ISBN 978-7-80255-877-9

出版发行：企业管理出版社

地　　址：北京市海淀区紫竹院南路 17 号　　邮编：100048

网　　址：http：//www. emph. cn

电　　话：总编室（010）68420309　　发行部（010）68701638

　　　　　编辑部（010）68701661

电子信箱：emph003@ sina. cn

印　　刷：三河市南阳印刷有限公司

经　　销：新华书店

规　　格：170 毫米×240 毫米　16 开本　14 印张　210 千字

版　　次：2011 年 10 月第 1 版　2011 年 10 月第 1 次印刷

定　　价：29.80 元

版权所有　翻印必究·印装错误　负责调换

FOREWORD 前言

20岁时的性格决定60岁时的成就

　　性格是人个性心理特征的重要方面，是一个人对现实的稳定态度以及与之相适应的习惯化的行为方式。每个人的性格，都是一个构造独特世界的元素，蕴藏着巨大的能量。它的爆发，既可以将你推入万丈深渊，也可以助你走向成功的彼岸！

　　性格驱使一个人做出某种反应、某种选择。有人说性格决定命运，是有一定道理的。不同性格的人对同一件事情会作出不同的反应。认识性格，就要了解性格的内涵，造就积极健康的心态，把握命运的风帆，从而在潮起潮落的人生航程中不至于触礁遇险。荣格认为：人并非自己的主宰，而主要受一些不为我们所知的力量所控制。这些力量来源于我们自己的潜意识部分，自身的意识仅仅是意识中的沧海一粟。性格是一个人在现实的稳定态度和习惯化了的行为方式中所表现出来的个性特征。有人谦虚，有人骄傲，有人虚伪，有人诚实，每一种现象都是潜意识决定下表现出来的性格特征。正如有人所说的："积行成习，积习成性，积性成命，小福靠挣，大福靠命。"因此，要养成良好的性格，我们要注意日常行为举止，培养好的习惯，渐成高尚的性格。播下一种行动，你将收获一种习惯；播下一种习惯，你将收获一种性格；播下一种性格，你将收获一种命运。

　　性格不是天生的，而是个体在成长发育过程中不断接受社会影响和教育熏陶，通过自身的实践，在青少年时期渐渐形成并定型下来的。既然性格在某种程度上决定着人生成败，甚至决定着人的命运，那么养成良好的行为习惯，进而形成良好的健康的性格，对于20几岁刚刚踏入社会的年轻人来说将非常重要。那么究竟什么样的性格才是健康的性格呢？

杰克曼认为现代社会需要人们有适应的健康性格，其中健康性格的主要标志是：1. 现实的适应性。社会在变革，新观念、新经验、新方式不断，人们必须调整心态，适应现实，勇于成为"新生活大家庭"中的一员。2. 见解的独特性。现代社会人们思想活跃，喜好争论，对他人观点你要有主见，有创见，不盲从。当然也需"自省"，正视"己过"，理智"认输"。3. 待人的善良性。人与人的关系不应被金钱主宰。要珍重爱情、亲情、友情。关心弱势，心地善良，乐于助人。20几岁的年轻人所必需形成的性格既有社会工作方面的，也有个人思想观念上的和与他人交往关系上的。在社会工作方面，我们首先要找好成熟地标，安全度过自己在社会的潜伏期；其次，在工作中养成勤奋的习惯；再次，在工作中要小心，尽量绕过工作中的陷阱。在个人思想观念上，我们首先要有自信心，"即使全世界都抛弃了我们，我们也不要失去信心"。其次，要用坦然的微笑来面对生活中的一切，即使是在艰难险阻面前和那些折磨我们的人面前，也要用微笑面对。再次，我们要驾驭自己的思想与感情，克制自己的冲动行为。在与他人的交往关系上，我们首先要讲诚信，养成一诺千金的好习惯，把信誉作为自己在社会上安身立命的根本。其次，待人要宽容大度，要知道快乐不是拥有的多，而是计较的少，因此我们要以一颗宽容之心来笑纳不平之事。再次，与人相处，尤其是与工作伙伴的相处中，要适度的张扬自己，懂得低调。最后，当他人意见与自己意见相左时，我们既要有自己的思路，也要适当听取别人的意见。

作者

CONTENTS
目录

第一章

全世界都抛弃你，你也不要失去信心

　　纷繁的世界，纷繁的事务，生存在这个世界上的我们，不可避免地会经受挫折和失败，也许在种种挫折和失败的打击下，我们会丧失一些既有的信念，但一种正确的心理态度却是一个人安身立命的根本。在任何情况下，都不丧失信心，可以使一个人从挫折和失望中站起来。

1. 你可以说不，但不要说我不行

人生在世，难以预料的事有很多，面对一件事，良好的态度是至关重要的，树立正确的态度可以说是赢在起跑线上。树立正确的态度首要的是在面对一件结果未知的事时，不要说自己不行，而是要勇敢的尝试。

我们对待生活往往有两种截然不同的态度，积极或消极，于是就有肯定自己和否定自己的现象发生。如果你希望自己有自信，那么从现在开始，你就要用肯定的方式对待自己，这会给你带来意想不到的好处。

生活告诉我们，任何事都有好坏两个方面，主要取决于你以何种态度去看待。心理学家告诉我们：语言是任何事物均无法相比的魔术师，无论多么不利的状况，只要你的表现有正面价值，那么同样的事，你就可以用肯定的一面去看待自己。因此，当我们做事的时候，可以说不，但不要说自己不行。

一位哲学教授在准备讲课的稿子，他的小儿子却在一边吵闹不休。教授无可奈何，便随手拾起一本旧杂志，把色彩鲜艳的插图——一幅世界地图，撕成碎片丢在地上，说道："小约翰，如果你能拼好这张地图，我就给你 2 角 5 分钱。"

教授以为这样会使约翰花费上午的大部分时间，但是没过 10 分钟，儿子就来敲他的房门了。教授看到约翰如此迅速地拼好了一幅世界地图，感到十分惊奇，就问他："孩子，你怎么这么快就拼好了地图？"

小约翰说："这很容易。图的另一面是一个人的照片，我就把这个人的照片拼到一起，然后把它翻过来。我想如果这个人是正确的，那么，这个世界也就是正确的。"

教授微笑起来，给了他的儿子 2 角 5 分钱，说："谢谢你宝贝，你替我准备了明天讲课的题目——如果一个人想要改变，他的世界也会随之而变。"

如果你想改变你的世界，改变你的生活，那么首先应该改变你自己。也许你曾觉得你的才华不被这个世界所理解和接受；也许，你曾埋怨你不是命运的宠儿；也许，你想过如果有某人那样好的环境，你能做出更大的成就；也许，你不发牢骚也不抱怨，但是你已经不再信任他人，你觉得你是一个人在战斗，承担一个人的寂寞。你生活在人群中，却形影孤单，面对着这个世界，永远都像一个过客。这种无奈与无力感如此深入骨髓，靠什么来拯救？

某单位招聘一位信息员。枫是本科大学中文系毕业的高才生，一路过关斩将，只剩老总面试点头了。按理枫是十拿九稳会被录用的，但未料到，那位老总和枫交谈了几句，看了看她的简历，说："对不起，我们不能录用你。试想想，连自己的简历都保管不好的人，我们怎能放心把单位的工作交给你。"原来是枫那份留有水渍、皱巴巴的简历引起了老总的反感。

原来，早上出门时，枫走得急，一不小心碰翻了茶杯，沾湿了简历，再重制一份已赶不及了。回家后，枫非常认真地用钢笔抄写了一份简历，并给那个单位的老总写了一封信，其中写道："贵公司是我心仪已久的单位。您对我近乎苛刻的要求，正反映了贵公司在管理上的认真与严谨，精益求精，这也是贵公司兴旺发达希望之所在。我一定铭记您的教诲，在今后的工作中尽心尽责，一丝不苟。"

枫发自肺腑的话语，详略得当的简历以及她那娟秀清丽的笔迹，使老总眼睛一亮。最终，那家公司向她亮了绿灯。

从这个故事中我们可以看出，事情的存在一定有其合理性。人家相不中你，一定是你有不足的地方。与其抱怨别人，不如改变自己。只有敢于面对，才能正视自己，才能得以改变并提高。枫正是认识到了这一点，并且努力去改变自我，才赢得了成功。

勇气有时会使一个人成为超人。有勇气的人是不会输的，因而任何人都无法让永不认输的人屈服。35岁以前是人生最具激情、最有勇气的时期，如果在这一时期你不敢尝试、畏首畏尾，那么遇到上述那种场合，你只能做一只让大蟒蛇吃掉的小鸡。

俗话说：世上无难事，只怕有心人。很多事情，并不是因为我们无法做到，而是因为我们在信念上并不坚定。看看古今中外那些成功的人士，他们的成功并不一定是因为他们比别人"能"，但一定是因为他们比别人"敢"，因此我们要有勇气去做事，也许下一个成功的就是你。有勇气去做事，最重要的是要为自己确定一个定位。

在地铁出口，有一个乞丐模样的年轻人在那里卖钥匙链。一位商人路过，向他面前的杯子里投入几枚硬币，匆匆而去。

　　过了一会儿，商人又回来，对年轻人说："对不起，我忘了拿钥匙链，毕竟你我都是商人。"

　　几年后，这位商人参加一次高级酒会，遇见了一位衣冠楚楚的老板向他敬酒致谢，并对他说："我就是当初卖钥匙链的那位年轻人。"

　　年轻人的成功并非得益于商人的直接帮助，关键在于他自己的努力奋斗。但商人的一句话却改变了年轻人的命运轨迹。定位可以决定一个人的命运！你定位于乞丐，你就是乞丐；你定位于商人，你就是商人。当年轻人把自己当成一名乞丐时，他在社会上生存靠的是别人的施舍；当年轻人以商人的心态来看待自己时，他生存靠的是自己的努力，他就成了一名商人。

2. 只有相信自己，才能让老板信任

自卑只能自怜，自信赢得成功。相信自己，就是相信自己的优势，相信自己的能力，相信自己有权占据一个空间，任何人也无法让你感到自惭形秽。

自信是成功的前提。在现实生活中，如果你让别人来指出你的缺点，相信你会得到很多批评；而由别人来指出你的优点，相信你也会得到很多赞扬。

一位画家把自己的一幅佳作送到画廊里展出，他别出心裁地放了一支笔，并附言："观赏者如果认为这幅画有欠佳之处，请在画上作出记号。"结果，画面上标满了记号，几乎没有一处不被指责。过了几日，这位画家又画了一张同样的画拿去展出，不过这次附言与上次不同，他请观赏者将他们最为欣赏的地方都标上记号。当他再取回画时，看到画面又被涂满了记号，原先被指责的地方，都换上了赞美的标记。

"有自信心的人，可以化渺小为伟大，化平庸为神奇。"世界上每个人看事情的角度都不一样，所以绝不要企求得到每一个人的赞扬。画家的案例，就是很好的说明。如果画家在受到指责之后，沮丧不已，认为自己不行，他可能就此消沉下去，没有信心再继续从事美术创作了。

消极与积极的所作所为，反映了两种不同的思维方式，两种不同的心态和两种不同的结果。消极思维者过高地估计了他人，过低地估计了自己，认识不到自己拥有无限的能力和可能性。越是这样，越是跳不出自己的思维模式；越跳不出自己思维模式，就越觉得自己不行；觉得自己不行，就必须要依赖他人，受他人的操纵。如此这样，每失败一次，自信心就会受到一次伤害，久而久之，一切就只会按照别人的意见行事，让别人来操纵，可悲的事情就会接踵而至。积极思维者因为用正确的观点来看待别人和看待自己，所以在任何情况下，都不会迷失自己。

自信是指凡事对自己持相信和肯定的态度，以"我能"为信念。有这样一个问题：假如给你一枚硬币，你如何用它遮住世界？答案很简单，把硬币放在眼前。很多时候，我们是不是因为被一枚硬币遮住了双眼而不敢对自己说我

可以？

自信是一种积极的心理状态和可贵的进取精神。人的一生是曲折坎坷的，在追求学业和事业的路上，更不会事事如意、一帆风顺。自信赋予人成功的力量，使人能在荆棘中开辟一条坦荡之路，在暴风雨中固守一片鲜花胜地。对不可能说不！

卡丝·黛莉颇有音乐天赋，却长了一口龅牙。第一次上台演出的时候，为了掩饰自己的缺陷，她一直想方设法用上唇盖住门牙，结果，她的表情看起来十分好笑。她下台后，一位观众对她说："我看了你的表演，知道你想掩饰什么。其实这又有什么呢？龅牙并不可怕，尽管张开你的嘴，只要你自己不引以为耻，投入地表演，观众就会喜欢你。"

卡丝·黛莉接受了这个人的建议，不再去想那一口龅牙。从那以后，她关心的只是听众，像普通人那样张大了嘴巴尽情歌唱，最后成为了一位非常优秀的歌手。一口龅牙并没有给她带来任何不良影响，反而还成了她形象上的一大特色。人们接受甚至喜欢上了她的龅牙，就像喜欢她的歌声一样。从某种意义上说，外露的牙齿和她的歌声一起，构成了一个完整的卡丝·黛莉。

在现实生活中，自信是大力之神，它有着一股神奇的魔力，可使弱者变强、强者更强。

一个小女孩因为长得又矮又瘦被老师排除在合唱团外，而且，她永远穿着一件又灰又旧又不合身的衣服。

小女孩躲在公园里伤心地流泪。她想：我为什么不能去唱歌呢？难道我真的唱得很难听？想着想着，小女孩低声地唱了起来，她唱了一支又一支，直到唱累了才停下来。

"唱得真好！"这时，一个声音响起来："谢谢你，小姑娘，你让我度过了一个愉快的下午。"

说话的是个满头白发的老人，他说完后就走了。

小女孩第二天再去时，那老人还坐在原来的位置上，满脸慈祥地看着她微笑。

小女孩唱起歌来，老人聚精会神地听着，一副陶醉其中的表情。最后他大声喝彩，说："谢谢你，小姑娘，你唱得太棒了！"说完又独自走了。

过了很多年，小女孩成为了本城有名的歌手，但她忘不了公园靠椅上那个慈祥的老人。她特意回公园找老人，但那儿只有一张小小的孤独的靠椅。原来老人早就过世了。

"他是个聋子，都聋了20年了。"一个知情人告诉她。

从这个故事中，我们也可以看出，鼓励可以给人创造机遇，女孩正是在这样的鼓励下树立起了自信心，并且持之以恒地为梦想不懈努力，最终成就了自己的梦想。其实，每一个人都需要他人的鼓励，特别是那些因自身缺陷而深感自卑的人更是如此，一句鼓励的话语会改变人生的道路。

金子能发光，种子能发芽。刚毕业不久的年轻人，没有必要担心自己在职场中是不是一块金子，而要坚信自己是一粒种子，只要找到适合的土壤，有充足的阳光，就能茁壮成长。与其沉醉于难以自拔的怀"金"不遇中，还不如甘当一粒健康饱满的种子，牢牢扎根在平凡岗位的土壤中。有的人对自己不够自信，主动地放弃了能够成功的机会，而有的人失败面前不低头，坚信"天生我才必有用"，通过自己不懈的努力，最终达到了自己想要达到的目的。可见，自信是精神的支柱，没有自信就无法成功。

3. 失败了别灰心，从头再来

失败并不可怕，失败是人生的必修课，我们应该正视失败。我们不仅不应该害怕失败，反而应该感谢失败，正是失败使我们明白成功的内涵，告诉我们生活的八字真诀：正视、不屈、沉着、奋进。

人的一生中，不可能总是一帆风顺，难免会遇到一些挫折。人的一生中，总是成功与失败交错。有的人遇到失败便会努力地寻找失败的原因，并自信地说："我下次一定会成功。"这便是自信心。而有的人遇到失败，便会想：既然我这次失败了，那我下次一定还是一样。

刘昌勋的创业史很有点九死一生的悲壮。他们兄弟两个在同一所中学读书，父母常常因为交不起学费唉声叹气。他横下一条心，让弟弟一个人上学，自己在中学还没读完的时候便辍学经商，那年他 16 岁。

他家邻居经营药材，每月有几百元的利润。在他们那里，这是一个叫人眼红的数目。他抱着试一试的心理，买进了 20 元的板蓝根背到集上去销售，当天全部脱手，赚了 20 元。20 元对他来说是一笔大钱。第二天，他将 40 元全投进去，没想到两天之内顺利销出去，又赚了 30 多元。两个月下来，连本带利达到了 500 元之数。

任何事情都不是一帆风顺的。两个月的节节胜利，使他由胆怯到胆大。他叔叔在前线牺牲了，家里得到了 3000 元的抚恤金。他父亲一直把它存在银行里。无论家庭如何困难，父母也没有动用它。经他反复动员，父亲终于从银行里将这笔钱取出来，交给了他。连本带息，加上他那 500 元，凑成了 4000 元。他一次性买入一批药材，投入市场。一位顾客仔细辨认后，对他说："你小小年纪，却大大狡诈，学会了瞒天过海。"他委屈地申辩，直掉眼泪。这个顾客见他这个样子，才告诉他这批药材是榨过汁的，现在只是一堆干柴，没多少药性了。

他傻了。他的本金大部分是叔叔的鲜血换来的，一堆干柴便把它全部骗走了。他的第一个反应是找供货商算账，这个骗子打一枪换一个地方，连续一二个月也没找到。他也想过把这堆干柴糊弄出手，弄一元算一元。有一位老人与他谈妥了价钱，但在老人数钱的时候，他见老人松树皮一样的手，沟壑一样的满脸皱纹，这一大把年纪，这笔损失不等于要老人的命吗？他觉得自己还年轻，还有机会重来。于是他点着打火机，把这些干柴全部烧了。

这次失败并没有使刘昌勋萎靡不振，他总结经验，继续奋斗，终于登上了富豪的排行榜。刘昌勋的事迹说明：奋斗者，破产只是一时；不去奋斗，则必将一生贫穷。只要你没有失掉勇气，敢于拼搏，就一定会取得成功。

面对失败，我们应该找出失败的原因，什么地方做得不足，不够好，再去想办法做好它。把做得不足的地方尽量做足它，不够好的地方尽量做好它。不要因为一次的失败而失去信心，就放弃努力和自信。我们要勇于面对失败，接受失败，克服自卑感。

挫折是福。顺境中人们看到的是鲜花和笑脸，然而习惯于喜悦浸润的心灵往往承受不起打击的负荷，只有迎向挫折，尝遍人间酸甜苦辣，感受世态冷暖炎凉，才能有更多一层对生活的领悟，更了解人生的真谛。塞翁失马，焉知非福！碰到挫折不要畏惧，不要厌恶，从某方面说，挫折对我们来说是一件磨练意志的好事，唯有挫折与困境才能使一个人变得坚强，变得成功。挫折可以锻炼我们克服困难的种种能力，人不遭遇种种挫折，其人格、本领就不会走向成熟，一切的磨难、忧苦与悲哀，都足以帮助我们成长，锻炼我们。挫折足以燃起一个人的热情，唤醒一个人的潜力，而使他达到成功。有本领，有骨气的人，能将"失望"变成"动力"，像蚌壳那样，将烦恼的沙砾化成珍珠。

挫折和失败都是成功的向导。挫折是一所人生的好学校，在这所学校里，你将学会怎样做人，怎样独立思考，怎样抉择。心理学家认为：对挫折的体验，能培养人从容应付风险的能力，一旦发现自己能在风险中挺过来，对失败的恐惧就更少了。不经历风雨怎能见彩虹？没有失败的人生绝不是完美的人生，当你战胜挫折时，你会对成功有更深的感悟，在这样一次次的感悟中，走出一个完美的人生。哲学家科林斯说："不经历挫折，成功也只能是暂时的表象，只有历经挫折和磨难，成功才能像纯金一样发出光来。挫折并不可怕，可怕的是经历了挫折却不知道总结教训，暂时的挫折不应该是消沉的原因，而应该是继续奋斗的起点。逃避挫折是解决不了问题的，最好的办法就是勇于面对它，接受它，并从挫折中吸取人生的经验和营养，从而使自己在不断经历和克服挫折的过程中逐渐成长、壮大，直至走向成功。

4. 你不漂亮，但你一点都不差

很多人相貌平平，依然成就非凡；很多人相貌出众，却由于不愿发掘自身的潜质，一生平庸。忙碌的社会，忙碌的人群，更多时候，人们肯定的是一个人的能力，而非一个人的外貌。

在这个忙碌的社会，没有人会特别关注一个人的外貌。因此我们应该把注意力转移到自己的专长上来，不要管别人对你说了什么，也不要想那些烦恼的事情，只管做你自己喜欢做的事情，做最好的自己就行了。

奥斯卡1986年出生在南非，出生时小腿就没有腓骨，且一共只有4个脚趾。11个月大时，他双腿膝盖以下被截肢，并于6个月后装上假肢。由于从小就靠假肢走路，奥斯卡从未感觉到自己的身体与正常人有异。他从小就像正常人一样参加体育运动，并选择了橄榄球和水球作为主要运动项目。

17岁时，奥斯卡成为比勒陀利亚大学工商管理专业的学生。2004年1月，他在一场橄榄球比赛中右膝严重受伤，于是决定改从事短跑。仅仅进行了两个月短跑训练后，他便在家乡的一次残疾人运动会上一鸣惊人，跑出了百米11秒51的成绩，而之前的残疾人世界纪录为12秒20。2004年下半年，他的成绩开始轰动南非。作为一个残疾人，生性坚强的他不但没倒下，反而成为世界上跑得最快的无腿人。他经常对自己说："我没有丧失能力，我只是没有腿而已。"

随着竞争的加剧，人们更多时候关注的是一个人的能力。而非一个人的外貌，因此，我们要摆脱自己不漂亮就得不到别人认可的观念，找出自己的优点，并不断地暗示自己，强化自己；同时要坚定自己的信念，提高自己抵抗挫折的能力，努力改变糟糕的现状，让自己活得更好。

从前，一个农夫有两个女儿。大女儿漂亮、善良、多情、人见人爱，大家都宠着她，说她有一天是要嫁到皇宫里去的。小女儿却长相平平，也没有什么突出的个性，在大家的忽视中慢慢长大。大女儿白天帮母亲料理家务，闲下来就浇浇花、喂喂鸟，完全不知日子的流逝，对未来也没什么打算。她的人生早就被她母亲安排好了，那就是通过走访那些和贵族沾边的远亲来结识上层人士，尽可能地嫁给高官或皇族。而小女儿则整天蹲在一堆破布和针线当中。她有一个愿望，就是做世界上最美丽的衣裙。

她从小就看到全家人省吃俭用给姐姐买的花裙子，是那样的漂亮，就像展翅的蝴蝶，又像吐蕊的花蕾。她也曾趁大家熟睡的时候，偷偷将裙子穿在身上，在月光下跳舞。可是，那些裙子不是她的，而是姐姐的，全家省吃俭用一年只能买一条这样贵的裙子。后来，她不再偷穿姐姐的裙子，而是暗暗下决心，要自己缝制漂亮的花裙。从那个时候起，她总是想法设法在村子里收集各种废旧的剩余的布料，照着样子缝制裙子。她的针线活越做越好，缝的补丁都看不见针脚，她还能够按照补丁的形状缝成花、太阳、蜻蜓，令人完全看不出来是块补丁。她的手艺引起了村里裁缝的注意，就让她到店里帮忙。从此，她开始了正规的缝纫学习。

就在小女儿进入裁缝作坊的时候，她的姐姐也开始了相亲。农夫和他的妻子用小女儿缝制的衣裙，把大女儿打扮成大户人家的小姐，让她去参加各个社交舞会，以求能够遇见贵人。小女儿曾经对姐姐说：如果不想去可以拒绝的。但是那个美丽的人，她不知道自己要什么、能做什么，只知道听从父母的安排。时间就这样过去了，大女儿终于找到一个愿意接受她的贵族，可是这个贵族已经40岁了，右腿有些不灵便，而且还带着前妻留下的两个孩子。大女儿出嫁了，她的父母很开心，得到了一大笔钱，而她自己却很麻木。她没有什么想要的，也不知道能做什么，只是听从命运的安排。偶尔，她会羡慕妹妹充满希望的生活，但也只是偶尔罢了。

小女儿的手艺越来越好，通过村里裁缝的资助进了城，很多上层贵族都喜欢找她做衣服。当她姐姐有了第一个孩子的时候，她终于攒够钱，可以自己开店了。她是多么激动啊，她终于能专心设计，朝着"最美丽的衣裙"这个梦想迈进，还可以免费为那些穷苦的女孩子裁剪漂亮的裙子。小女儿的生活充实而快乐，相反地，她的姐姐开始渐渐地枯萎。她生活在"家庭"的形式中，对自己的丈夫、孩子没有热情。也许，她从来就没有对什么怀抱过热情。她很好地履行一个妻子的职责，仅此而已。你再也找不到那个喂鸟养花的美丽的人，这里只是一副躯壳，容颜凄美、衣着华丽。小女儿很多次劝姐姐想想自己的梦想。可是，那个被上帝眷顾的人淡淡地说：没什么想要的，也没什么可做的。

　　小女儿的手艺和善行终于传到皇宫里。公主出嫁的时候，特意要求由她来裁制嫁衣。嫁衣做好了，公主穿上后惊艳四方，各国的王公贵族都非常喜欢，纷纷打听是在哪里定做的，小女儿在京城中一下子成了名人。然而真正令她高兴的是，她终于做成了世界上最美丽的衣裙。更意想不到的是，在她给公主量体裁衣的时候，公主的哥哥，本国的国王恰好经过。于是，不久后她成为了王后。

　　"王后之命"曾经是人们给她姐姐的预言，却在她身上应验了。不过，那不是命运的恩赐，而是她依靠自己的努力获得的。

　　上帝给每个人一副独一无二的容貌，纵然这容貌有美有丑，但不管怎样，这都不是人生的最终定局。上面故事中的小女儿并没有因为容貌不如姐姐而自卑，也没有因为被忽视而抱怨，而是朝着自己梦想的方向前进。那个"无欲无求"的美丽姐姐平稳地上演自己的命运，上帝给多少就接受多少，始终没有从自己的位置上踏出过一步。相反，小女儿却在卑微的被忽视的位置上坚持不懈地迈进，终于打破了原先的"命运"，达到新的高度。

　　人生重要的不是你所拥有的容貌，而是你心灵所朝的方向。在有梦想的时候不要放弃，在有机会的时候不要错过，在需要拼搏的时候义无反顾。临渊慕鱼，不如退而结网，让我们从现在开始，看清楚前进的方向，努力实现自己的梦想！

5. 主动交往，没人会拒绝你

社会是一个人际关系网，在社会中生活，我们不可避免的要同各种各样的人交往。在人与人的交往中，我们不仅要懂得主动出击，去建立自己的人际关系网，也要懂得人际交往的方式，维护既定的人际关系网。

一项调查发现，最多通过六个人你就能够认识任何一个陌生人，这就是著名的六度分隔理论。其实真正的陌生人是不存在的，所谓陌生人，是只要通过某种方式就能结识和相知的人。

人们一直向往着高山流水的友谊，心有灵犀的境界。在陌生人之间发展深度的人际关系是交往中的核心。

人们习惯在熟人之间进行交往，对于陌生人，往往采取防备的态度。其实敢于同陌生人打交道，是社会生存必备的能力。你要对人际关系有基本的信任，这是第一步。我们每天都处在对陌生人的依赖中，人性本善，过多怀疑别人的动机和意图，一味地防范、拒绝，会把通向社会的门紧闭，提高人际交往的成本，甚至使你成为社会的"被孤立者"。

以积极的心态采取扩建人际关系的行动，那么再难的事也会变得容易起来。在实际生活和工作中，我们可以通过以下几个途径寻求事情的突破：

第一：利用血缘、姻亲把关系扩大，即主动地去找关系。

第二：要主动地加入既存的团体。

第三：要主动担任公益团体竞选活动的义工或者是干部，尤其是慈善爱心社团或环保团体。

第四：要积极地参加校友会、同乡会、联谊会组织。这些组织中不乏企业负责人、民意代表、经理干部，在目前这个情况下，这些组织最欠缺的是有活力有干劲有理念的年轻人加入。

第五：运用一些人际关系经纪人的角色与功能。某些行业会接触到众多的人，譬如保险业、民意代表、社团负责人、美发美容业、顾问业、中介业、医疗业，等等。从这些行业着手，彼此交换名单或推介，就可以迅速扩展人际关系。

第六：从事或者投资与人群接触的行业。

第七：争取在公开场合主持会议、发言或演讲。这可以增加曝光机会，建立一定的知名度，还可以广泛地接触到关系经纪人。

第八：要善于运用现代媒体，增进人际互动与亲密关系。

除了运用上述的方式建立人际关系之外，我们也要注意用良好的方式去维护已经建立的人际关系。

赞美他人。要建立良好的人际关系，恰当地赞美别人是必不可少的。事实上，我们每个人都希望自己的工作得到别人的认可。我们花了很大的精力，希望从他人那里得到赏识，但是，我们之中能充分理解自己言行的人并不多，我们自己也很少评论别人的言行。这一点着实令人感到奇怪，因为表示赞赏是非常容易的，不需要任何代价，我们在赞美别人后自己得到的报偿却是多方面的。赞美他人能沟通自己与他人的感情，特别是当你与他人产生隔阂时，关心对方，注意和肯定他人的长处，是消除隔阂最有效的方式。另外，对于自己不太亲近的人，恰到好处地给予赞美，也会使双方增加亲近感，更进一步建立人际关系。赞美可以使人们的关系亲近，在发现他人的优点和长处的同时，我们也会发现自己的差距，并促使自己努力赶上。赞美他人，在鼓励他人进步的同时自己得到进步，这也许就是前面所说的赞美他人带来的多方面的回报。

保持恰当的社交礼仪。得体的仪容仪表，合适的身体距离，适中的语音语调等，都是社交礼仪。不要随意打探别人的隐私，也不要随意暴露自己的隐私，既要做一个善于倾听的听众，不轻易打断别人的话，也要发出自己的声音。保持自然而适当的目光接触，让对方感受到你的真诚和可靠，对你产生依赖感。

尊重个人空间。即使成了好朋友，也不要越界。任何两个人，彼此尊重，给人空间都是必需的。长久而完美的交往是君子之交淡如水，像一杯清茶一样绝不喧嚣。好的人际关系并不一定要紧密来往，但在你需要的时候，对方会站在你这一边支持你。他对你保持信任，善意和尊重，让你自己去做选择。

第二章 把微笑送给『折磨』你的人

　　艰难险阻是我们生命之路上的同行者。面对这些人生之路上并不友好的伙伴，逃避并不是最好的解决办法。我们要用微笑去面对那些＂折磨＂我们的人，艰难险阻只是磨练我们的一个短暂的插曲，可以为我们的人生提供更为丰富的营养。

6. 不要被暂时的困难吓倒

困难只不过是人生漫长旅途中一块小小的绊脚石，摔倒后只要能坚强地爬起来，前途就将会是一片光明。对于每个在社会上生存的人来说，暂时的困难并不可怕，可怕的是人在困难面前畏缩不前，被暂时的困难打击的毫无还手之力。

任何希望成功的人必须有永不言败的决心，才能找到战胜失败、继续前进的法宝。不然，失败必然导致失望，而失望会使人一蹶不振。

印度前总理尼赫鲁曾经说过："生活就像是玩扑克，发到手里的牌是定了的，但你的打法却完全取决于自己的意志。"没错，上帝发牌是随机的，我们分到什么就是什么，没有任何选择的余地和更换的可能性。当你拿到不好的牌时，请不要一味地抱怨，因为这没有半点儿用处，你的抱怨也不会令现状有所改变。你能做的，就是调整自己的心情，将自己手中糟糕的牌优化组合，力求把每张牌都打好。

小学教材上有这样一个故事：

12岁那年，我考上了初中，要到40里外的镇里读书。到集镇，有一半是山路，要穿过密密麻麻的原始森林，林中的树冠遮天蔽日，脚踩着地上厚厚的树叶发出的声音，好像有人在后面追踪。我不敢一个人去，哭得像个泪人。奶奶说："去吧，去吧，番椒（指小米椒）都要掐芯，何况人呢。"家里人把我送到镇里的中学，之后又接送过几次。慢慢地，我的胆子大了，敢于独自上路了。但我始终没弄明白我读书和番椒掐芯有什么关系。

我的成绩并不出色。刚入学时因口音不同，被讥为"山古佬"。成绩不如意，又没有朋友，几次我都想退学，奶奶就是不肯，理由是"连番椒都要掐芯"。在奶奶的强硬态度下，爸爸一次又一次把我送入中学。就这样，三年的初中我读了四年，毕业后考入了普通师范学校。

聚散两依依。每一次离家，奶奶都要说一遍番椒要掐芯之类的"套话"。我总认为这是奶奶的口头禅，也就没在意。奶奶就在这样的念念叨叨中，渐渐老了。没等我毕业，她就离开了这个世界。

毕业后，我的工作一直不太如意。前些年，又被调到全县最偏僻的中学。我心里很闷，日子过得恹恹的。看到收获的小米椒，我想起了已故的奶奶。我向爸爸请教奶奶的种椒经验到底是啥？爸爸告诉我："幼苗刚长到两寸时，要拦腰掐去一半，长到四五寸时，还要拦腰掐去一半。经过两三次'厄运'的小米椒长得秆粗枝繁。表面上看起来有些憔悴，但结椒的日期却会大大提前，结的小米椒也就又多又饱满了。"

听了爸爸的话，我打起背包，踏上了远行的路，我终于明白了奶奶的话。从那以后，每当我遭遇风雨，身陷泥泞时，总会想起奶奶的话。奶奶的话，像那鲜活的小米椒，永远"辣"在我心里……

巴尔扎克说："挫折和不幸是天才的进身之阶，信徒的洗礼之水，能人的无价之宝，弱者的无底深渊。"自然界没有不凋谢的花，人世间没有无曲折的路，在人生的道路上，固然有一帆风顺、风和日丽的美好时光，但也会有崎岖坎坷的境遇和备受打击的艰难时刻。在我们为实现自己的希望、理想而努力的过程中，就要面对这崎岖坎坷和打击，遭遇挫折。

挫折感是指个人从事有目的活动时，由于遇到阻碍和干扰，其需要得不到满足时表现出的一种情绪状态。如果这种挫折与压力持续时间长，影响范围广，使人处于一种不利于身心发展的人生状态，则称为身处逆境。

伟大导师马克思告诉我们："科学道路上没有平坦的大路，只有不畏劳苦沿着陡峭山路攀登的人，才有希望到达光辉的顶点。"

在央视"财富对话"的演播室里，戴尔走上台，动作甚至有一些笨拙——这与他在商业方面表现出的敏捷灵动形成了反差。

戴尔父亲是一个集邮迷，母亲是股票经纪人。这使戴尔从小对"价格"很敏感。有人用弗洛伊德的方法来分析戴尔的童年，发现了一些有趣的事实。

小学三年级时，戴尔在杂志上看到一则广告：只需通过一次简单的测试，就可获得高中文凭。戴尔对此大感兴趣。连跳9级拿文凭的想法让家人感到吃惊，以为这是一个恶作剧，但戴尔却是认真的。这种着迷于消灭中间环节的个性，似乎可以解释为何戴尔会突发奇想，越过中间商直接向顾客销售电脑。

16岁的戴尔干过报童，但他却将报童做成了"大报贩"。戴尔在暑假推销报纸的时候发现，潜在客户主要是两类人：一是刚刚结婚的，二是刚刚搬家的，这类人的信息可以在法院和专业抵押公司那里找到。戴尔雇了一大批中学生去搜集这些信息，然后向这些人写信，表示愿意提供两周的免费服务。这一举措令他一下子获得了数千名订户，成了那家报纸在当地的主要销售商之一。这一经历训练了戴尔的销售才能。

PC 机一出来，戴尔就瞄上了。他发现一台售价 3000 美元的 IBMPC，零件实际上只需要 600~700 美元，而且技术也不是 IBM 自己的。经销商以 2000 美元进货，可以净赚 1000 美元。戴尔决定抓住这个商机，1983 年德州大学开学那天，戴尔开着自己用当报贩收入买来的白色宝马车，带着三台计算机，进入生物系学习——但他却在学校宿舍里鼓捣起计算机来。1984 年 1 月 2 日，戴尔注册了一家公司，生意蒸蒸日上。5 月，戴尔决定暂时休学，之后，休学变成了辍学。1986 年，戴尔收入已达 6000 万美元，22 岁的他被美国学院企业家协会评为该年度 "青年企业家"。

戴尔一开始就以直销起家。20 世纪 90 年代初，企业不断做大，出现了现在中国民营企业也同样患的 "青春期综合症"。公司进入了惯常的零售渠道，管理上很乱。经过这一挫折，戴尔开始强化管理，坚决从零售渠道中退出，把业务集中到自己最擅长的领域。互联网的兴起让戴尔抓住了一条大鱼。1996 年，戴尔公司在线销售开通，客户可以通过互联网直接订购产品，这一举措使戴尔公司成为 "IT 直销鼻祖"，迅速改变了 PC 公司的格局。几年后，戴尔跃居全球五大 PC 公司第二位，在美国、英国市场上排第一。

戴尔的势头开始让传统的企业感到焦虑。有一段时间，数名企业人士、顾问和教授在哈佛大学开了一个研讨会，在会上专家们把 "DELL" 一词当成动词来用，他们说："PC 业一些经济强势公司最近的利润率下降，人气冷落，备受煎熬，部分原因是它们一直被 DELL 着，被 DELL（戴尔）公司的低成本打得喘不过气来。在你所处的行业中，你当然希望 DELL 别人，而不是被别人DELL。" 戴尔的成功让人们意识到，尽管没有核心技术，你也可以在竞争中处于优势——只要你能不断创新。

1990 年以来，戴尔的股票价格上升了 2690%，它在股东收益方面超过了可口可乐、英特尔和微软，是 500 家公司中唯一一家连续三年销售额和利润增长均超过 40% 的公司。

人生是什么？得意者说它是美酒；失意者说它是苦水；成功者说它是彩虹；失败者说它是阴云。事实上，人生就是不断遭受挫折与追求希望的过程。人的一生不可能总是平平坦坦、风平浪静，在这条漫长的旅途中，我们难免会遭受到大大小小的挫折与失败，没有经历过失败的人生是不完整的人生。没有河床的冲涮，便没有钻石的璀璨；没有挫折的考验，也便没有不屈的人格。正因为有挫折，才有勇士与懦夫之分。"天将降大任于斯人也，必先苦其心志，劳其筋骨，饿其体肤，空乏其身，行拂乱其所为，所以动心忍性，增益其所不能。"

　　适度的挫折具有一定的积极意义，它可以帮助人们驱走惰性，促人奋进。挫折是一种挑战和考验，英国哲学家培根说过："超越自然的奇迹多是在对逆境的征服中出现的。"遭受挫折不可怕，可怕的是在挫折面前我们自己先屈服。

7. 去掉依赖，让怯懦失去保护伞

每个人都或多或少有依赖心理，正是因为这种依赖心理，当我们面对失败的时候，我们选择了逃避，选择了懦弱作为我们的保护伞，然而，懦弱并不是我们的保护伞，而是把我们推向失败深渊的刽子手。

有人说，人最大的敌人就是自己。因此，一个被别人击倒的人，仍然可以是英雄；一个被自己击倒的人，才真正是懦夫。

有这样一个人：10岁的时候他迷上了画画，对那些五颜六色的涂料产生了浓厚的兴趣，他发誓这辈子一定要成为一个画家。为此，他付出了整整10年的不懈努力。到20岁时，美术界的一位老前辈非常委婉且态度明朗地告诉他：你可以在其他的道路上走得更为畅通一些，而绝不是在美术上。这句话就像一声炸雷一样，将他孕育了10年之久的自信和坚持陡然摧毁了。"我难道真的不是一块当画家的料？"他这样问自己。他流着眼泪烧尽了自己10多年所有的画稿，弃画从商。

在以后的日子里，他什么都干过：卖水果、摆地摊，甚至还在马路旁修过单车……但是无论干什么，他都对自己的职业注入了希望，并全心全意地为此付出了勤劳和坚持，当然还有睿智。几十年过去了，他终于成为一位拥有数百万资产的企业家。

有一次，他的一位儿时朋友突然对他说了一句话："我真的很佩服你对待一件事物的坚持和执着，我敢肯定，无论你干什么事情，都可以干得很好，都可以成功。"他再一次被这句话深深地震撼了。不久，他拿起了久违的画笔，几年后，他的一幅作品被美国一位收藏家看中，并以高价买走。

这位画家感慨地说："要相信自己能干成任何一件事，千万不要让别人的一句话否定你，哪怕那个人是上帝！"

哲学在当时是很崇高的职业，因此很多年轻人来找古希腊著名哲学家苏格拉底学习。

一个年轻人来了，想要学习哲学。苏格拉底一言不发，带着他来到一条河边，突然用力把他推到了河里。年轻人起先以为苏格拉底在跟他开玩笑，并不在意。结果苏格拉底也跳到水里，并且拼命地把他往水底按。这下子，年轻人真的慌了，求生的本能让他拼尽全力将苏格拉底掀开，爬到岸上。

年轻人愤怒地责问苏格拉底为什么要这样做？苏格拉底回答说："我只想告诉你，做任何事情都必须有绝处求生那么大的决心，才能获得真正的成功。"

迷茫与困惑谁都会经历，恐惧与逃避谁都曾有过，但不要把迷茫与困惑当作自我放弃、甘于平庸的借口，更不要让它们成为自怨自艾、祭奠失意的苦酒。生命需要自己去承担，命运更需要自己去把握。越早找到方向，越早走出困惑，就越容易在人生道路上取得成就、创造精彩。

8. 敢闯敢拼，不要逃避

害怕失败的心理使很多人都不敢轻易尝试，出去奋斗。有的人宁肯呆在家里，吃着国家的救济，也不愿意自己去尝试做一些事情。但很多时候，人需要为自己制造一个"恶"环境，背水一战。

35 岁以前要努力奋斗，奋斗过后就不后悔。年轻时确实没有什么可怕的，因为年轻就是资本。你可以把这一资本投入到任何你想干、喜欢干的事业中去。你可以去当公务员，可以当教师，可以经商，可以当管理者，等等。直到找到你喜欢干的事业，为之奋斗，直到成功。成功没有行业和专业之分，要看它是否适合你，你是否会为了你的理想去拼搏。

30 年前，一个年轻人离开故乡去闯荡，他动身的第一站，是去拜访本族的族长，请求指点。老族长正在练字，听说本族有位后辈要出门闯荡，就写了3 个字：不要怕。然后抬起头来，望着年轻人说："孩子，人生的秘诀只有 6 个字，今天先告诉你 3 个，供你半生受用。"

30 年后，这个年轻人已是人到中年，有了一些成就，也添了很多伤心事。归程漫漫，到了家乡，他又去拜访那位族长。他到了族长家里，才知道老人家几年前已经去世，家人取出一个密封的信封对他说："这是族长生前留给你的，他说有一天你会再来。"还乡的游子这才想起来，30 年前他在这里只听到了人生的一半秘诀。于是他拆开信封，看到里面赫然又是 3 个大字：不要悔。中年以前不要怕，中年以后不要悔。

付出多少努力，就有多少收获，正所谓："世上无难事，只怕有心人。"我在一本书上读到过这样一句话：雨天并不是没有太阳，太阳在更高的天上。遭受挫折时，千万不能从此一蹶不振，一定要看到希望和光明。只要你坚持到底，只要你不倒下去，终有一天会拨开乌云见太阳。

"世上无难事，只怕有心人。"这句话不仅包含着深刻的人生哲理，在日益激烈的商界市场竞争中，也成为了每位成功人世的座右铭，尤其是在销售行业，更是指导个人实现自我价值，企业不断走向成功的辩证思想。

机会都是留给那些有准备的人的！不能因为条件不具备而把事情无限地延后，那叫做懒惰和逃避。真正想成功的人，是可以随时随地开始征程的，我们的生活也是一样。从点滴做起，从最低处做起，境由心生，事在人为！心里有一个目标，付出终究会有回报。敢于拼搏，人生便少了许多遗憾！

9. 遇到困难不逃避，想办法才是关键

俗话说，困难是弹簧，你强它就弱，你弱它就强。面对困难，倘若我们只是一味地害怕、逃避，那么我们只能做困难的奴隶，牢牢地被困难压在脚下，倘若我们迎难而上，敢于正面的面对困难，想办法解决困难，而不是一味地逃避，那么困难也就不是困难了。

决定成功与否的关键因素是看一个人如何对待失败。如果你的内心认为自己失败了，那你就永远地失败了。诺尔曼·文森特·皮尔说："确信自己被打败了，而且长时间有这种失败感，那失败可能变成事实。"而如果你不承认失败，只是将它认为是人生一时的挫折，那你就会有成功的一天。

有些人之所以害怕失败，是因为他们害怕失去自信心，试图将自己置于万无一失的位置。不幸的是，这种态度也把他们困在一个不可能做出什么杰出成就的位置。还有的人惧怕失败，是因为他们害怕失去第二次机会。在他们看来，万一失败了，就再也得不到第二个争取成功的机会了。

一位8岁的小女孩去教士家学刺绣，每当她走到教士家门口时，便会有一只凶猛的雄鹅朝她扑来，好几次还啄了她。女孩吓得号啕大哭，再不肯去学刺绣。她的母亲千方百计地劝她，但她说如果没有人和她作伴，她是再不肯去学的。于是，女孩的父亲找了根长长的棍子交给他5岁的儿子，对他说："希望你的胆子比姐姐大。"并告诉他如果雄鹅来了，你尽管大胆向它走去，然后用棍子狠狠打它，它就会跑掉了。

小男孩跟着姐姐来到教士家，刚推开院门，那只凶猛的雄鹅便高高地伸着颈子，发出可怕的叫声向他们冲过来，男孩的姐姐尖叫着转身就跑。小男孩也想跟着姐姐跑，但他想起了父亲的话，于是闭上眼，颤抖地伸出手中的棍子在周围一通乱打，雄鹅终于害怕起来，大叫着回到一群鹅中间去了。

这个小男孩后来成为了德国著名的电器发明家，他的名字叫西门子。他在70多年后的《西门子自传》中说："童年的一点启示使我终生受用，不知不觉地给了我无数次的鼓励：遇到危险不要回避，要大胆迎上去，并加以痛击。"

你能相信一个一无所有的穷小子摇身一变成为世界著名的大船王吗？这并非童话，而是绝对的事实！

奥纳西斯在 16 岁时，搭乘一艘破旧的货船来到阿根廷。在布宜诺斯艾利斯，他找到了一份焊工的工作。每天他省吃俭用，不久就积攒出了一小笔积蓄。这时，奥纳西斯开始思考以后的发展道路，他不想一辈子只做焊工，他想成为一名富翁。后来他用自己的积蓄创办了一家经营烟草的公司，经营几年之后，他的财产超过了 10 万美元。年仅 24 岁的奥纳西斯，成为了布宜诺斯艾利斯的总领事。

1929 年，一场席卷世界的经济危机爆发了，很多企业顷刻之间倒闭破产。奥纳西斯却在这场经济浩劫中看到了商机。他认为经济一定会很快复苏，于是开始抢购船东们急于出手的便宜货。一次，他得知加拿大国营铁路公司出售六艘船，售价仅为两万美元，他非常兴奋，当即赶到加拿大，二话没说，买下了这六艘船。很多人都认为他疯了，不过时间证明，奥纳西斯的决断是正确的。随后发生的第二次世界大战，为奥纳西斯带来好运。他购买的那六艘船，一夜之间成为浮动的金砖，他的利润如潮水一样滚滚而来。二战结束后，奥纳西斯就已经成为了希腊的大船王。

二战后，奥纳西斯预测不远的未来一定会出现经济发展的黄金时代，石油一定会供不应求。于是，他开始投资建造油船。从 1951 年到 1955 年短短的 5 年间，他拥有了 5 万吨油船总吨位。又一个 5 年过去，他的油船达到了 10 万吨。奥纳西斯用他的巨大财富告诉世人，他是世界上名副其实的大船王。

如果困难是一座山，你躺在山下哀号，那么山将变得高不可攀，因为你永远在仰视它。只有踏踏实实地登山，相信自己，一路上有流泉飞瀑、虫鸣鸟唱为你伴奏，有翠树红花、紫岚白云与你同行。即便山路蜿蜒，崎岖跌宕，又有何惧？

然而，自信不是自负，自不量力，更不是好高骛远。《左传隐公十一年》有曰："度德而处之，量力而行之。"《左传昭公十五年》有曰："力能则进，否则退，量力而行。"唐朝吴兢在《开元升平源》里亦云："朕当量力而行，然后定可否。"由此看来，"我们有多大的能耐，就做多大的事，切勿勉强。

我们要正确地估量自己，不要去做自己力不从心的事情。"盈则满，花至半开，酒至微醉，是为最佳。"做自己无法胜任的事情，无疑是自找苦吃。

　　人，只有量力而行，该放就放，当止则止，才能在轻松快乐的节奏中，收获真正应该属于自己的那份成功。同样的道理，明明做不到的事情，你偏要去做，你一定会被生活压得喘不过气来。

10. 危机时刻，你要挺身而出

危机时刻，方能显现一个人的真本领。在面对危险的时刻，挺身而出，展现自己是必要的。这种展现可以是危机时刻的危机处理，也可以是跳脱出不适合自身的困境，或者是基于责任的挺身而出。

每个人都有自己的长处，也有自己的缺点，上司欣赏的是下属的优点和长处，而不是缺点和短处。因此，你要能在重要时刻展现出你的优点和长处。毛遂自荐的故事，值得职场上每一个想做大事的人借鉴。

战国时，赵国被秦国打得节节败退，公子平原君计划向楚国求救，打算从门下食客当中挑出 20 名文武兼备的人才与他同行。精选出 19 位后，还差 1 位始终无法选出，平原君为此伤透了脑筋。这时有个叫毛遂的人自我推荐，要求加入。

平原君大为惊讶，就对毛遂说："凡人在世，就如同锥子在袋子里面，若是锐利的话，尖端就会戳穿袋子，露在外面。人也如此，有才能的人总是会脱颖而出的。但先生你在我的门下 3 年了，一向默默无闻，不知先生你有什么才能？"毛遂回答说："我之所以默默无闻，是因为一直没有机会。如果你能把我放在袋子里面，不仅是尖端，甚至连柄都会露出来。"

平原君认为毛遂说得有道理，就让他加入了随行的行列，带着他们前往楚国求救。到了楚国后，毛遂凭借其过人的口才，协助平原君成功地完成了任务。

很多时候我们对人对事都采取了"拖"，殊不知拖得越久，自己就越无法作出决定，同时也会失去更多。当断不断，反受其乱。不把这件事当成选择，而是不能后悔的决定，一旦决定，就不要回头。"拖"已经成为我们生活中的一种常态，不管是工作，还是爱情。不满意但是又害怕没有更好的，就像鸡肋，食之无味、弃之可惜。

小张在一家音乐公司做推销，这是一个整天需要打电话、发传单、上网搜集信息的工作。这是一个很劳累也很难有成效的工作，有时候，你打了一百个电话说不定都没有一个有效的。现在年轻还可以干，过几年老了跑不动了，又没有积累其他方面的经验，怎么办？

转行吧，这里的老板又特别好，是一位和蔼可亲的大姐，对初来乍到的她很照顾，工资也不低。再换个工作，说不定还不如现在的。她总是这样犹豫着，决定不下来。问这个问那个，朋友有提议走的有提议留的。"什么时候结束并不重要，重要的是结束后不要后悔。"她母亲的建议。一下子点醒了她。其实没必要想这么复杂的，随时可以走，但是走了之后就不要回头。不把它当成选择，而是不能后悔的决定。

人一生经历的事情、碰到的人是很有限的，而理想又是渺茫不可寻的。有的时候，我们选择了一个职业，一段爱情，暂时停歇了继续摸索的脚步，却又不甘心自此安营扎寨，老死于此。

我们会有犹豫，害怕自己停错了站，又害怕前方没有更好的路，所以只能踌躇不前。其实，有的时候，该决定的就不要犹豫。

一艘货轮卸货后返航，在浩森的大海上，突然遭遇巨大风暴。

老船长果断下令："打开所有货舱，立刻往里面灌水。"

水手们担忧："险上加险，不是自找死路吗？"

船长镇定地说："大家见过根深干粗的树被暴风刮倒过吗？被刮倒的是没有根基的小树。"

水手们半信半疑地照着做了。虽然暴风巨浪依旧那么猛烈，但随着货舱里的水越来越高，货轮渐渐地平衡了。

船长告诉那些松了一口气的水手："一只空木桶，是很容易被风打翻的，如果装满了水，风是吹不倒的。在船负重的时候，是最安全的时候，空船才是最危险的。"

那些胸怀大志的人，沉重的责任感时刻压在心头，踏着坚稳脚步，从岁月和历史的风雨中坚定地走出来。而那些得过且过空耗时光的人，像一个没有盛水的空水桶，往往一场人生的风雨便把他们彻底地打翻了。给我们自己加满"水"，使我们负重，这样才不会跌倒。

11. 忍受暂时的落魄——卧薪尝胆

　　没有人一出生就可以把成功踩在脚下，无论是平民，还是富贵的天之骄子，暂时的落魄并不是命运的捉弄，而是命运赐予我们的美好的礼物。落魄只是暂时的，一个经历了落魄并走向成功的人，才能真正经得起环境和岁月的考验。我们反而应该感谢折磨你的这种困难，让你变得更加坚强勇敢。

　　目标不是能够轻易实现的，成功来自对目标的坚持。空想的价值为零，行动起来才有可能成功。我想很少有人在找工作时，在推销自己的想法或产品时，会遇到几百次乃至上千次地拒绝。拒绝本身并不可怕，可怕的是遇到几次挫折就畏缩不前，怀疑自己。这样的人是永远不会成功的。

　　美国石油大亨约翰·洛克菲勒，标准石油公司的创始人，是世界上第一位亿万富翁。16岁时，他为了得到一份"对得起自己"的工作，翻开克利夫兰全城的工商企业名录，仔细寻找知名度高的公司。每天早上8点，他离开住处，身穿黑色衣裤和高高的硬领西服，戴上黑领带，去赴每一场新的预约面试。他不顾一再被人拒之门外的窘境，日复一日地前往，一连坚持了六个星期。在走遍了全城所有大公司都被拒之门外的情况下，他并没有像很多人想的那样选择放弃，而是敲开了一个月前访问过的第一家公司，从头再来。有些公司他甚至去了两三次，但谁也不想雇个孩子。可是洛克菲勒越受到挫折，他的决心反而越坚定。

　　1855年9月26日上午，他走进一家从事农产品运输代理的公司，老板仔细看了这孩子写的简历，然后说："留下来试试吧。"他让洛克菲勒脱下外衣马上工作，工资的事提也没提。过了三个月他才收到了第一笔补发的微薄的报酬。这就是洛克菲勒的第一份工作，是他自己都记不清被拒绝多少次后得到的工作。洛克菲勒一生都把9月26日当作"就业日"来庆祝，胜过他自己过生日。

　　人生如同山中的树，生于南坡，阳光充足，土壤肥沃，可谓顺境；生于北坡，风雪交加，土壤贫瘠，可称逆境。幸与不幸，虽有天壤之别，但材与不材，取或舍，用与弃，在慧眼识材者的心中境遇迥异，委实耐人寻味。生而为树，无法选择自己的生存环境；生而为人，无法选择自己的家庭背景。但却可以选择自己的生存或生活的态度。生活的逻辑总是反复地昭示着我们：艰难和挫折是对命运和人生的最好的锤炼。

相信很多人小时候都看过或听过《丑小鸭的故事》，那只受尽嘲弄的丑小鸭最后终于变成了白天鹅。那么，当你长大后重新看这个童话，心底会留下什么呢？

丑小鸭长得太丑了，所有的鸡、鸭都嘲笑它、排挤它，连它自己的兄弟姐妹也欺侮它，看不起它，最后连自己的妈妈也不得不劝它走远些。在巨大的压力面前，他被迫离家流浪，几经风险。在野鸭群中，它"尽可能对大家恭恭敬敬地行礼""只希望人家准许他躺在芦苇里面"，没有任何更多的企求。雁对他虽然不错，但却被猎人打死。丑小鸭来到一间农家小屋，却不断受到鸡和猫的奚落排挤。最后它不堪忍受，独自来到心驰神往的大自然当中。冬天到了，天是那么冷，丑小鸭几乎被冻死在冰冷的湖边。当美丽的春天来临时，水中映出的即不再是那丑陋的灰色鸭子，而是一只美丽洁白的天鹅。

只要你是天鹅蛋，就是生在养鸡场也没什么关系，因为你终究会变成白天鹅。那个时候，曾经的丑陋、屈辱、卑微都将变成生活的历练。但是，很多时候，人并没有丑小鸭那样顽强的毅力，能够在同伴的排挤、嘲弄中，在孤身一人的寂寞中，顽强地生存下来。在还没有变成白天鹅的时候，已经以丑小鸭的样子死去。

所谓"天将降大任于斯人也，必先苦其心志，劳其筋骨，饿其体肤，空乏其身，行拂乱其所为，所以动心忍性，增益其所不能。"翻译过来，就是说，上天将要把重大使命降落到某人身上，一定要先使他的意志受到磨练，使他的筋骨受到劳累，使他的身体忍饥挨饿，使他备受穷困之苦，做事总是不能顺利。以此震动他的心志，坚韧他的性情，增长他的才能。

有一名建筑师在一次施工中，意外遇上塌方事故。虽然他有幸保住了性命，但却失去了两条腿。

他一想到自己永远无法行走，就感到很绝望。后来，他趁家人不注意，偷偷吞下一整瓶镇痛药片。幸亏被家人及时发现，将他送入医院进行抢救，才挽回了他的生命。但是，他仍一直萎靡不振。

有一天，市艺术展览馆为一位残疾画家举办了一次画展，家人决定带他前去参观。

在展览大厅一角，他被其中一幅水彩画深深地打动了：画面上是一片金色的海滩，上面搁浅着一条老船，在它那瘦骨嶙峋的筋骨上，刻满了岁月的沧桑。那稍稍倾侧的船体下，则只有一小洼清水。然而，在画上面却写着一行非常有力的字："相信吧，潮水会回来！"

从这幅画中，他感觉到有一股无形的力量在震撼着他，使他的眼睛湿润了。他非常想拜见一下画的作者。之后，他从展室管理员那儿了解到了一些作者的情况。原来，这些画作都是出自一位年逾七旬的残疾老者之手。而在十多年前，那位老者就因患上进行性运动神经疾病，卧床不起。但是，这么多年来，他一直坚持与病魔抗争。

当他来到那位老者的家里时，老画家正躺在床上，用两个枕头垫着后背，守着画板作画。然而，在老者那枯瘦的面孔上，看不到丝毫痛苦的神情。老者放下画笔，热情地向他们打招呼，谈笑风生。

在交谈中，他坦诚地对老者说："见到你之后，我忽然开始为自己以前的怯懦而感到羞耻。"

告别之时，老画家把那一幅《迎接潮水》的画作，送给了他。

后来，他设计了许多有名的建筑，成为一名十分出色的建筑设计师。

他们都是生活中的不幸者，然而他们都是真正领悟苦难真谛的人，他们以微笑来迎接苦难，最后苦难也给了他们最好的回报。

12. 无论工作多么难做，你都要坚持下去

成功根本没有秘诀。我们唯一能做的，就是"坚持到底，永不放弃"！

王安石说："夫夷以近，则游者众；险以远，则至者少。"容易攀登的地方，自然人多，而陡峭艰涩之处，去的人就少得多了。于是那高绝之处的奇伟瑰怪，非常之观，也只有极少的人才可以看到。人比山高，脚比路长，这原本是句不能再俗的大白话，然而在尘嚣纷杂的现代社会，却是一记警钟，使迷途中的人们幡然醒悟。

成功是每个人的梦想，也是每个人追求的目标，要想赢得成功时的鲜花和掌声，就要有坚持不懈的精神。成功就像捡砖头，砖头捡到一定数量，才能够盖心目中的房子。要想取得成功，就要持之以恒。谁坚持得久，谁就可能成为天才。俗话说："世上无难事，只怕有心人。"这个心，就是恒心，有了恒心，不轻易放弃，再难的事也能成功。世界上没有比脚更长的路，比人更高的峰。只要坚持，再长的路也能走到尽头；再高的山也能攀到顶峰；再硬的石头也敌不过水滴百年；再傲的峭壁也挡不住浪打千回……

中国有句古话："只要功夫深，铁杵磨成针。"王羲之正是日夜苦练，数十年如一日，洗笔水把池水都染成墨黑色，才成为一个名垂千古的书法家；司马迁正是在监狱中冒着生命危险，不屈不挠地坚持写作，才有《史记》这部巨作的诞生。成功，很多时候往往是构筑在失败、挫折、有时甚至是灾难之上。许多在旁人看来千古传颂的功绩，是他们用自己的多少坚持，多少执着，多少泪水，多少鲜血才换回来的。我们面对挫折失败时，没有一种坚持到底，勇敢面对困难的精神，怎么可能成功呢？哥白尼努力地捍卫着真理，甚至为此献出宝贵的生命，才有了"日心说"。林肯的一生是坎坷的，他的前半生中几乎都在失败，但他并没有被挫折打败，每次都重新振作起来，微笑着面对世界。到了51岁，他才竞选总统成功。"皇天不负有心人"，正是坚持不懈的精神成就了这位伟大的总统。正是有了千千万万这样坚持不懈的人，才会有我们今天这样美好的生活。

　　郑智斌1993年进入浙地珠宝有限公司时，每月工资才200多元，每天晚餐都只能吃两元一碗的面条或炒饭。但是他坚持每天第一个到公司上班，中午其他员工休息时，他默默干活。正是因为这样，郑智斌不但学到了过硬的技术，也赢得了公司的信任。1997年，郑智斌被公司推荐到萧山一家大型珠宝零售商行工作，年收入在4万元以上。两年后，他又承包了商行的售后服务部，收入又增加了一倍多。

　　面对稳定的工作，丰厚的收入，郑智斌2002年毅然辞职，自己创业。他经常每天只睡四五个小时，第一年下来却还是亏掉一笔钱。在亲朋好友的帮助下，郑智斌又筹集资金，把珠宝店铺移到黄金地段，还花高价请专业人士对员工进行培训，指导策划品牌营销、广告宣传。郑智斌通过对经营理念和内部管理的不断创新，使事业逐步走上了正轨。从一间店铺开到两间、三间、四间……他的生意越来越红火。

　　郑智斌没有比尔·盖茨那般聪明，也没有史玉柱传奇的人生，但是他同样用自己的坚持与认真实现了自己的人生理想。从他毅然地放弃稳定的工作开始创业那天起，就奠定了他痴心不改的决心。

　　法国启蒙思想家布封曾说过："天才就是长期的坚持不懈。"达尔文二十年如一日研究生物学，无论在风急浪高的考察船上，还是在条件简陋的实验室里，他始终坚持不懈，最终发现了生物进化的规律。门捷列夫在各方人士反对的情况下，仍坚持不懈终于制定了完备的元素周期表，贝多芬失聪后依然坚持不懈，创作出了伟大的《命运交响曲》，还有法拉第电磁感应定律的提出，孟德尔遗传规律的发现，哪一样不是长期坚持不懈的结果？

　　对于很多人而言，他们都做过"登天"之梦，但真正把梦做成现实的，还是那些苦下决心、一步一个脚印的人。成功者都有一个共同的特点，就是要积极地思考，只有积极地思考才能找到希望。你必须要做一个积极地思考者，靠近成功，并取得成功。

　　一位苏格兰王子在看蜘蛛结网时突然明白了人生的真谛。可怜的蜘蛛网一次结不成，蜘蛛就掉下来一次。屡败屡战、屡战屡败，直至掉下来七次，终于结成了网。人生何尝不是如此？危机与生机，失望与希望，消极与积极，从来都是交织在一起。一定会有逆境，但勇士恰是在后退的逆境中依然奋进的人。

　　决定一个人成功与否的最关键因素是他怎样对待失败。任何希望成功的人必须找到战胜失败、继续前进的法宝。不然，失败必然导致失望，失望导致一蹶不振。

一项事业、一个梦想、一场爱情，什么时候开始并不重要，重要的是开始之后就不要停止。也许，最初的过程是艰辛的、繁琐的、看不到希望的，但是只有坚持下去，你才能看到最美最丰硕的果实。如果干什么事情都是一时冲动，浅尝辄止，那么你的人生注定是在不断挖坑，而看不到甘美的泉水。与其不停选择哪里打井最合适，倒不如蹲下身来，朝着一个方向掘进。

永远不要怀疑自己开始的是否太晚，只要你坚持向前走，就能成为最快的赢家。很多人在中途停下来了，很多人转向了，只要有坚定的信念和坚持的精神，你就能以最快的速度冲过终点。

24岁的齐白石还是个雕花木匠，叫齐纯芝，人称芝木匠。附近有个会琴棋书画、诗词歌赋又喜结交朋友的秀才胡沁园先生，从芝木匠的一举一动中看到了他过人的天赋和才气，刚直不阿的品格，认为他是个非凡之人，若有名师栽培，定会前途无量。于是，胡沁园决定将他收为门生。胡问："你愿不愿意读读书、学学画？"芝木匠答："愿意倒是愿意，只是家里穷，年岁又大了，怕学无所成。"胡沁园说："怕什么，《三字经》中说'苏老泉，二十七，始发愤，读书籍'，你正当此年龄，只要有志气，什么都学得好，我有意收你为徒，你可以在我家一面读书，一面卖雕花养家。"芝木匠听了，激动万分，立即向胡沁园深深地三鞠躬，九叩首，行了大礼。从此，纯芝在胡家住下，"烧松烟以夜读，步落月而晨吟"，潜心钻研诗词书画，终成大气。

如果齐白石当初因为自己年龄太大、恐怕学无所成而放弃，那么中国就少了一位国画大师。这样的故事总是让我们激动不已，但是真正做起来根本不是那么简单。读书、学画都是慢功夫，字要一个一个地念，古诗词要一句一句地背，作文要一行一行地写，是一项长期的艰苦的事情。学画何尝不是如此，只有掌握了线条、晕染、调色，这些基本功，才能挥洒自如。而这些基本知识的学习和掌握往往需要日复一日的坚持。很多人就是在这个阶段放弃了。

坚持并不带有梦幻般的色彩，而是普通的重复。从小学到中学到大学到硕士到博士，一点一点地积累知识，一篇接一篇论文的发表，才打造出一个学者。从基层做起，为老百姓处理好一件接一件事情，提出一项接一项具体的方案，才最终栽培出一个政治家。任何光辉的背后都是细小的琐碎的集合体。一条长路，你可以随时出发，但是不要停止。

第三章

一诺千金永不悔，信誉是跟随一生的无形资产

　　诺言在人与人的交往中起着重要的作用，一个重诺践行的人，会为自己赢得良好的信誉。我们在与人的相处中，要注重诚信，不轻易许诺，不轻易说谎，不投机取巧。

13. 用诚信建立你的"品牌形象"

诚信是一个道德范畴，即待人处事真诚、老实，一言九鼎，一诺千金。在《说文解字》中，对于"诚"、"信"二字的解释是："诚，信也"、"信，诚也"。可见，诚信的本义就是要诚实、诚恳、守信、有信，反对隐瞒欺诈，反对伪劣假冒，反对弄虚作假。

诚实守信是做人的根本。诚实，就是要以真诚的言行对待他人，对他人富有同情心，严格要求自己，言行一致，表里如一。守信，就是讲信用重承诺，一诺千金，言必行，行必果。遇到错误要勇于承担，遵守诺言、不虚伪欺诈。有诚信的人面子上有自尊，目光里有自信，行动中有把握，生活中有朋友。诚信对我们一生的成长发展都有着举足轻重的作用，它是人生前进路上的长明灯。

谈到事业成功的奥秘，许多人有着自己的看法。例如时机、资金、信誉，等等。李嘉诚虽然也看重这些，但他却有着自己的看法，他将做人的诚实当做自己成功的第一要诀。回顾过去，李嘉诚在许多重要的关头，都以诚实作为第一要则。

李嘉诚曾辞去塑胶公司的工作而自己创业，临走时李嘉诚对老板说了一句老实话："我离开你的塑胶公司，是打算自己办一间塑胶厂，我难免会使用在你手下学到的技术，也大概会开发一些同样的产品，现在塑胶厂遍地开花，我不这样做，别人也会这样做。不过我绝不会把客户带走，用你的销售网推销我的产品，我会另外开辟销售线路。"李嘉诚正是怀着愧疚之情离开这家塑胶公司的。

有一次，李嘉诚代表自己的厂与外商谈生意，对方要求必须拿出担保人亲笔签字的信誉担保书。但李嘉诚找不到担保人，所以他只能直率地告诉批发商："我不得不坦诚地告诉您，我实在找不到殷实的厂商为我担保，十分抱歉。"而他的诚恳执着，竟深深打动了批发商。批发商说："李先生，我知道你最担心的是担保人，我坦诚地告诉你，你不必为此事担心，我已经为你找好了一个担保人。"李嘉诚愣住了，哪里有由对方找担保人的道理？批发商微笑道："这个担保人就是你。你的真诚和信用，就是最好的担保。"谈判在轻松的气氛中进行，很快签了第一单购销合同。而且这位批发商主动提出一次付清货款，可见他对李嘉诚做人的诚实及信誉的充分信任。

对于李嘉诚这位 30 岁就凭自己的努力成为富豪的人来说，最重要的素质就是"信"。其实，李嘉诚对事业上的"信"与他对人的"诚"是分不开的，诚信相合，即为"义"。世情是大学问，世界上每一个人都精明，要令别人信服并喜欢和你交往，那才最重要。

无论是做生意还是做人都要讲求信誉，靠诚信赢得赞誉和认同。以诚待人、以信誉求发展，终究会得到长久的利益。靠欺诈、蒙骗等手段赚取不义之财，虽然会尝到一点小甜头，但随之而来的将会是更大的损失。

诚信是人生的宝贵财富。微软在雇用员工的时候，被列在第一位的就是一个人的 Professionalism（职业道德）。微软在解释"职业道德"时，用了三个词汇：integrity（正直），honesty（诚实），trustworthiness（值得信赖）。与智慧、经验等因素相比，微软认为人品最重要："只有雇用到值得信任的员工，我们才会给予他充分的自由度。"

约翰逊公司是美国一家声誉很高的公司，但在 20 世纪 80 年代初期，它却遇到了很大的麻烦。该公司的产品泰米诺尔胶丸在芝加哥被人用作了杀人工具。凶手把泰米诺尔胶囊中的醋氨酚粉剂换成氰化物，装瓶后再把它放回药店的货架上出售。服用这种有毒药丸而死去的人已达 7 人。泰米诺尔胶丸随即遭到了灭顶之灾：从美国的东海岸到西海岸，从南到北，人们都相互告知不要服用这种产品，已买的产品要将其扔到垃圾桶里去。虽然产品本身并没有什么问题，但人们对它已经产生了恐惧心理和不良印象。市场调查表明，每 10 个过去使用泰米诺尔胶丸的人中，至少有 6 个人说他们以后将不再用这种药了。

联邦调查局建议约翰逊公司不要全部收回产品，而只收回芝加哥地区的产品就可以了。他们认为如果收回全部产品耗资过多，损失太大，并有可能引起其他不测。但是公司的总裁吉姆·伯克却毅然决定全部收回产品，他认为公司只有不顾血本，尽一切力量来表明自己对消费者的坦诚和关心，才能赢得他们的信任和理解。他还亲自在采访者和摄像机面前，直接面对愤怒的公众的指责。

在发生中毒事件之后的几天里，电视网用 20% 的播放时间来报道有关泰米诺尔胶囊的消息，吉姆·伯克就在那里发表意见，回答问题。他为泰米诺尔胶囊所发表讲话的核心，是以诚心寻求信任、合作和谅解。他对公众说："一个拥有60亿美元资产的跨国公司，就像一个孩子多负担重的贫困家庭。""它希望用自己的真心来换取大家的真心。""现在我们同坐在一只小筏上，随波逐流，面临同样险恶而孤立无援的境地，我们应当同舟共济，共渡难关。"这些朴实、浅显的讲话，令听众觉得温馨和感动。

伯克的坦诚不仅保住了泰米诺尔这块牌子，维护了公司的形象，更赢得了公众的好感，使公众认识到约翰逊公司并不是一个不顾生命、唯利是图的公司，而是一个值得信赖和尊重的公司。伯克也让自己意外地从新闻界的闪电战中脱颖而出，成为一名勇于承担责任的英雄。

到1985年1月，泰米诺尔胶丸的销售份额不仅已经升到事发前的水平，而且还超出了50%。而约翰逊公司的总裁吉姆·伯克也被人们视为创造奇迹的英雄。

"诚信"是立国之本。国家兴亡，社稷盛衰与诚信密切相关。中国古代秦人商鞅"立信为本"，取信于民，得到了百姓的支持，秦国由此而强盛起来。三国时期的刘邦重信用，招纳张良、萧何、韩信大臣杰士，结果夺得了天下。梁山泊英雄宋江本来"文不能安帮，武不能服众"，但他注重诚信，坐上了聚义厅第一把交椅。历史诉诸人们："立信而兴国，失信而丧亡"。

"诚信"是兴业之基。一个企业要想兴旺发达，就必然要恪守"诚信为本"的原则，处理好企业与职工，与客户、与政府等方方面面的关系。这些关系的协调，都有一个前提，那就是"诚信"。我国IT行业的佼佼者——迈普公司，在短短的几年里，一跃进入全国信息产业500强行列，它的成功秘诀就在于恪守"诚信为本"的宗旨。

"诚信"是立身之道。"人以诚为本，以信为天"、"人无信不立"，这是数千年前思想家孔子对我们的教诲。人生在世，离不开社会，离不开与他人的交往。在人与人的交往中，最基本的一条就是诚实守信，只有这样，路才会越走越宽，朋友才会越来越多。西方一些发达国家很重视信用，从人出生起就有信用方面的记录。人生中会有许多东西随着时间的流逝而渐渐被消磨，如健康、荣誉、美貌等，金钱也是身外之物，唯独只有"诚信"才"愈陈愈醇，愈陈愈香"。一个人步入夕阳黄昏时，最想听到的就是人们对他这样的评说："他一生很诚实，讲信用。"这是对人一生最高的褒奖。

14. 做不到的事情不要轻易许诺

惜诺如金，是中华民族的优良传统和美德，信守承诺更是一个成功的人士提升自我形象与品牌的关键手段之一。在我们的日常生活中，我们要注重诺言的兑现，更要注重如何去许诺，对于自己做不到的事情不要轻易地许诺。

如果你所要扮演的社会角色已大致确定，接下来的任务就是如何扮演好这个角色了。事前没有经过分析和规划，只是凭着一时的直觉就一头栽入贸然的行动当中，这样鲁莽的态度所招致的错误，将是相当严重的，各式各样的意外便可能因此发生。

案例一：春节前夕，X品牌白酒厂家的营销员李某为了达成本月的销售任务，决定在节前对客户进行占仓压货，下面就是他给所管辖的经销大户Y县的张老板做的一次压货电话沟通：

李某："张老板你好，我是X公司的李某，最近生意不错吧?"

张老板："哦，是小李啊，你好，你好，生意还行。呵呵。"

李某："这次想跟你沟通一件事情，你看快过节了，现在也是白酒销售旺季，这个月公司给定的目标量是50万元，20号以前你能不能完成?"

张老板："完成没有问题，但拉来往哪儿放呀，我可没有那么多的仓库。你能帮我解决仓库的问题吗? 如果公司出钱把仓库的问题解决了，我就在20号以前把50万元的货发回来。"

李某："这样吧，你自己先垫资找仓库，我给你向公司申请1000元的占仓费，费用包在我身上，但产品你可一定要拉回来，行不行?"

张老板："行，那我现在就派人去找了，50万元的货我在20号前拉回来。"

可事后的结果是，客户如期把产品拉回来了，但由于春节是白酒销售的黄金季节，产品供不应求，1000元的占仓费没有签批，这让李某一下子陷入了尴尬两难的境地……

案例二：张某是一家方便食品公司的区域经理，2005 年 8 月份，为了给其所负责的销售区域索要促销政策，他给他的顶头上司赵总立下了口头的"军令状"：

张某："赵总，你放心吧，只要你能把我的促销申请给批下来，我保证这个月完成 200 万元。"

赵总："200 万元？这些销量还想要这么多的政策，不行，如果你能够完成 300 万元的话我就给你批了，怎么样？"

张某："300 万元？目标有点高，260 万元还差不多，这样吧，把我这个区域的促销申请批了，我完成 260 万元，行吗？"

赵总："260 万元？让我算算账，嗯，好，就这么定了，你可一定要完成啊，完不成的话，以后的促销政策可不好说了啊。"

张某："没问题，保证完成任务！"

可月底销售报表显示的结果是，该区域完成了 210 万元，距离 260 万元相差甚远，赵总对此很不满意……

以上的两个案例在我们的身边经常"上演"，由于案例中的主人公在没有充分的把握和拥有相关权限的状况下随意承诺，最后给自己带来了不可挽回的损失和后果，其对于个人形象的损害更是不可估量。

惜诺如金，是中华民族的优良传统和美德，信守承诺更是一个成功的营销人员提升自我形象与品牌的关键手段之一。但是在日常的工作生活当中，由于市场竞争的激烈以及市场资源的相对稀缺，因此，很多营销人员往往为了达到自己的目的，不惜"铤而走险"，大肆向客户、上级、下属等进行承诺，不负责任地开一些"空头支票"，最终必然"搬起石头砸自己的脚"，损害了自己的个人形象。因此，作为营销人，要想在营销领域里有所建树，就必须摒弃这种"饮鸩止渴"的行为，要视个人品牌为无形资产，杜绝"信口承诺"，坚守诚信，从而更好地打造个人品牌。

1. **树立个人品牌，不要拿职业生涯开玩笑。**许多人之所以能够短期内迅速崛起，与其良好的网络及人际资源不无关系。因此，我们在工作生活当中，一定要信守承诺，绝不可为了一时意气，置企业利益、个人立场与原则而不顾，随意承诺，最后不仅让自己蒙受损失，而且还让自己"身败名裂"，在行业内难以立足，真正优秀的职场人必定惜诺如金，即一旦承诺了，就会想尽一切办法来予以兑现。

2. **树立诚信为本的立业意识。**市场经济是法制经济，更是诚信经济，在当前，没有诚信的企业或个人都将很难在社会上立足和生存。因此，作为职场人，打造自己的个人品牌至关重要。这就要求我们在日常工作生活当中，一定要以诚信作为自己行为处世的根本，那种信口开河，随意承诺，"不拿原则当回事"的做法，必然会受到企业、客户及同行的鄙视，并必将使自己受到损失或惩罚，因此，我们一定要恪守职业道德，牢固树立在自己的职权范围内行事的观念，不越权，不食言，"视诚信为金"，从而使自己走上成功之路。

3. **学会拒绝，大胆说"不"。**很多职场人都善于当"老好人"，无论客户提什么样的条件与要求，都是"有求必应"，全然不顾实际情况，只要对方答应和满足了其条件，先承诺下来再说。我们要想在客户面前树立自己的权威，让客户成为自己永久的客户，就必须学会巧妙拒绝，对自己无法办到的承诺，大胆说"不"。

15. 爱说谎的人最不可靠

心有诚意，口则必有信语；口有信语，身则必有慎行。一个人能够长期地坚持以诚信待人处世，就会形成诚信的人格。具有诚信人格的人，就会赢得人们的普遍信赖。自尊者人尊之，自敬者人敬之，自信者人信之，这是人际交往的必然规律。

世界历史上第一位亿万富翁洛克菲勒，在一百年前的日记中写道："取得信任的最好方法是使自己在性格上堪称楷模，对这一点我是很自信的。"在谎言盛行的当下，我们重温这句话，越发感到其中大有意味。毫无疑问，商人的诚意必须提升到"谋略"的高度，而对普通百姓来说，生命不可能从谎言中开出灿烂的鲜花。

从前，有个商人过河时船沉了，他抓住一根大麻杆大声呼救。有个渔夫闻声而至。商人急忙喊："我是济阳最大的富翁，你若能救我，给你100两金子"。待渔夫把他救上岸后，商人却翻脸不认账，只给了渔夫10两金子。渔夫责怪他不守信，出尔反尔。富翁说："你一个打渔的，一生都挣不了几个钱，10两金子还不满足吗？"渔夫只得怏怏而去。不料想，后来那富翁又一次在原地翻船了。有人欲救，那个曾被他骗过的渔夫说："他就是那个说话不算数的人！"于是商人淹死了。商人两次翻船偶遇同一渔夫是偶然的，但商人的不得好报却是在意料之中的。因为一个人若不守信，便会失去别人对他的信任。所以，一旦他处于困境，便没有人再愿意出手相救。

根据一个人的诚实程度就可以判断出他的品格，用不诚实的手段获得的成就是一钱不值的。如果一个人在蝇头小利上不讲诚信，还能指望在别的事情上信赖他吗？一旦受到诱惑，怎么敢确定他不会出卖公司利益呢？一旦将银行的钱借给了他，他会如期还吗？一旦签了合同，他会老老实实履行吗？

因此，在平时生活和工作中不要以为自己很聪明，其实，这些一时的得意正是给你职业生涯带来隐患的地雷。真正有智慧的人，肯定会有好人品、好德行。

有一名德国留学生，毕业时成绩优异，便留在德国四处求职。他拜访过很多家大公司，全都被拒绝。他很伤心、恼火，又没有别的办法。于是，他决定收起高材生的架子，选一家小公司去求职，认为这次无论如何也不会再被赶出门了！

结果这家公司虽然小，仍然和大公司一样很有礼貌地拒绝了他。

留学生忍无可忍，终于拍案而起："你们这是种族歧视！我要控告你们……"

对方没有让他把话说完，低声打断他："先生，请不要大声说话，我们去另外的房间谈谈好吗？"

他们走进无人的房间，德国人请愤怒的留学生坐下，为他送上一杯水，然后从档案里抽出一张纸，放在他面前。留学生拿起看了看，是一份记录，记录他乘坐公共汽车曾逃票3次。他很惊讶，也更加气愤：原来就是因为这么点儿鸡毛蒜皮的事，真是小题大做！

德国抽查逃票的几率是万分之三，也就是说逃1万次票才可能被抓住3次。这位留学生居然被抓住3次，在严肃、严谨的德国人看来，是绝对不可饶恕的。

孟子曾说，"大人者，言不必信，行不必果，惟义所在。"（《孟子·离娄下》）对于一个病入膏肓的人，你不必告诉他实际的病情；对于一个别有用心的人，你不必告诉他他不该知道的秘密。从大义出发，该说实话的时候说实话，该说谎话的时候说谎话，这并不妨害一个人诚信的品格。

一个人诚信与否，是用行为和时间来检验的。孔子曾讲："始吾于人也，听其言而信其行；今吾于人也，听其言而观其行。"然而，人并不都是言而有信、言行一致的，因此要"听其言而观其行"。有的人自以为很高明，认为人都很好欺骗，故"长于言而短于行"。但是，人毕竟是不能靠欺骗生活的，当其欺骗的把戏被人们普遍知晓的时候，这种人就变成了孤家寡人，再也没有欺骗的市场。童话中讲的"狼来了"的故事，就是一个很好的证明。《中庸》云："莫见乎隐，莫显乎微。"意思是说在隐蔽的地方，在微小的地方，常常能够看出一个人的真正的面目。即使伪装的再高明，总是会露出破绽和马脚，只有表里一致的人，才没有破绽。我们常常看到这样的情况：诚实的人很少表白自己的诚实，而惯于说谎的人总是诚恳地向人表白自己说的不是谎言；诚实的人总觉得人人说的都是实话，不诚实的人总觉得别人都不诚实；厚道的人常常认为人人都厚道，工于心计的人常常认为人人都工于心计。具有丰富人生经验的人，不需费很大的气力就可以通过言谈洞察一个人的品行。

16. 诚实守信能够赢得客户信赖

长久的成功的人际关系应该建立在诚信的基础上。诚信既是人际交往的基本原则，也是人际交往的根本。维系人与人之间的情谊，重要的技巧便是诚信。

诚信是中华民族的传统美德。诚信的道德观念和思想源远流长，自古以来就被中华民族所重视。诚信一词由"诚"和"信"两个单音字构成，许慎《说文》、班固《白虎通》以诚信两字互训，其含义既相区别，又紧密联系。诚与信有着密切的联系。诚是人内在的德性，信则是诚的外在表现。诚于中，必信于外。因此，诚与信联结为一个词，表述的是人们诚实无妄、信守诺言、言行一致的美德。诚信同时也可以作为一个道德规范，它要求人们诚实无伪、言而有信。千百年来，诚信一直是中华民族最基本的传统道德要求，对于人际关系的建立产生着极其重要的作用。

我们每个人都需要有良好的人际关系，那么怎样才能建立良好的人际关系呢？良好的人际关系应该建立在什么样的基础上呢？全国人大代表、福建金鹿集团董事长张华安指出："信用和信誉在市场经济中具有真金白银般实实在在的经济价值。"、"诚信是一个企业的生存之根，根基不牢，树倒房摇。"、"失去了诚信，不是几年就能补偿回来的，也许一辈子都没办法再翻本！"从长远的观点来看，没有品性就没有财富。

专业知识在一个人成功中的作用只占15%，而其余的85%取决于人际关系。可见，商业交往中的诚信能给企业带来难以估量的价值。商业交往是人际交往的集体形式，个体交往中的诚信有时甚至能够带来匹敌生命的价值。

公元前4世纪，意大利一个名叫皮斯阿司的年轻人触犯了暴君奥尼索司，被判处绞刑。皮斯阿司身为孝子，请求回家与老父老母诀别，再回来受刑，可始终得不到暴君的同意。就在这时，他的朋友达蒙挺身而出为他担保，并表示：皮斯阿司如果不能如期回来服刑，自己愿意代他受刑。这样，暴君才勉强应允。

临刑之期日渐临近，皮斯阿司却杳无踪迹。人们都嘲笑达蒙：傻到竟然用生命来担保友情！达蒙被带上了绞刑架，准备受刑，人们都默默地注视着这即将发生的悲剧性的一幕。就在这时，远方出现了皮斯阿司的身影。他在暴雨中飞奔而来，并高喊："我回来了！"既而热泪盈眶地拥抱达蒙，做最后的诀别。这时，所有的人都在拭泪。受到感动的暴君出奇地特赦了皮斯阿司，并表示愿意倾其所有来结交这样的朋友。

诚信是交往的基础，是做人的根本。现在很多人都把交往的关注点集中在交往的技巧方面。我认为，这是舍本逐末，缘木求鱼。诚信不足，虽交往技巧高超，终究不过是逞一时之势，难以保持长久的友谊。而以诚信为本，虽技巧不足，却也可以交到真心朋友。

诚信是基本的道德规范。与人相交往，自己首先要保持诚信。然而，正常的、和谐的人际关系的维持则需要双方或多方都讲诚信。如果双方当面说一套，背后另一套，友好的关系不可能得到维持，两人更不能成为朋友。彼此以诚信相待，不因偶然事件而动摇，不因时光流逝而褪色，才算得上是真正的诚信。

一位成功的商人这样说过："处世好不如做人好。"诚实、信誉才是经商的韬略和智慧。信守诺言是人们的美德，但是有些人在生意上经常不负责地许各种诺言，却很少能遵守，结果毫无必要地给别人留下恶劣印象。如果你说过要做某件事情，就必须办到。如果你办不到，觉得得不偿失，或不愿意去办，就不要答应别人，你可以找借口来推辞，但绝不要说"我试试看"。如果你说试试看而又没有做到，那么你给对方留下的印象就是："你曾经试过，只是结果失败了"。

声宝公司董事长陈茂榜以信以诚经商，真诚、信誉是他一贯坚持的信念。50年前，陈茂榜和三弟陈阿海用仅有的100元钱艰难创业，如今企业拥有员工5000人，年营业额高达88亿元。他的经营之道只有两个字——诚信。

陈茂榜24岁时，靠着仅有的100元钱开了一家电器行。当时他以50元为单位，将100元分别作为两家电器批发商的保证金，然后从他们那里提货来销售。50元保证金只是形式，陈茂榜从他们那里提的货价值500元左右。对于批发商的照顾，陈茂榜给以回报。他把该付的钱款按时返还，绝不拖欠，并且总是清清楚楚，从没有出错。经营了一段时间后，陈茂榜赢得了批发商的信任。无论他提多少货，他们都同意。从此，陈茂榜的生意越做越大。陈茂榜深有感触地说："这件事给我很大启示，使我深深了解到，在商场上，信用实在太重要了。"

你的信用能否给予顾客良好的印象？你是否信守自己的诺言？你是否轻易地许以承诺？你是否值得他人委以重任？你是否总是忘掉别人委托之事？当顾客打听你们公司的产品状况时，你多少次转达了错误信息？

不论在生活中还是在工作中，你的信用越好，你就越能成功地推销你的服务。不管你所推销的产品是哪一种，不管你用的推销策略如何，但你总要对自己所说的话负责，你应该用自己的行动去说服对方。

17. 投机取巧，会使你的信誉"下跌"

爱耍小聪明、爱占便宜的人常常是也是最会投机取巧的人，他们常常为了小小的眼前利益而丢失了长远的利益。所以，爱耍小聪明、爱占小便宜是成功的陷阱。一个在小事上斤斤计较的人，是不可能取得成功的。

小聪明是战术，大智慧是战略；小聪明看到的是芝麻，大智慧看到的是西瓜。

在这个世界上，既有大人物，也有小角色，大人物有大人物的活法，小人物有小人物的潇洒，每个人都有自己的生活方式，谁也勉强不了谁。但是，小聪明只能有小成绩和小视野，大智慧才能有大成就和大境界。小聪明的人最得意的是自己做过什么。大智慧的人最渴望的是自己还要做什么。

"无商不奸"是中国对商人的传统看法。改革开放之初，确实有很多人一夜暴富，很多企业也借着各种噱头在短时间内成名，这就使很多人根本不把诚信当回事。但不要忘了，诚信是人的立世之本，而欺诈只能使你一时获利。想想某些倒下的企业，它们的失败固然有经营不善的缘故，但根本在于诚信的缺失，所以，市场稍微有点风吹草动，它们就轰然而倒，连东山再起的机会也没有了。

不管做人，还是做企业，诚信都是必要条件。据美国出版的《百万富翁的智慧》一书介绍，对美国1300万富翁的调查结果表明，成功的秘诀在于诚实、有自我约束力、善于与人相处、勤奋和有贤内助，而诚实被摆在了第一位。

不要耍小聪明，老板的眼睛都是雪亮的。所以，爱耍小聪明、爱占小便宜是成功的陷阱。一个在小事上斤斤计较的人，是不可能取得成功的。

中国古代有一个诚信论理是"童叟无欺"，可要真正落实好却是很难的。尤其在物欲横流的今天，追逐利益的最大化成了一些人的行为准则，因不讲诚信而招致信誉受损的个人及企业的案例比比皆是。"当社会上欺诈盛行之时，诚信成了稀缺资源，而越是稀缺的资源越是有价值。"这是一位信用管理专家提出的观点。从长远来看，诚信是最好的招牌，诚信是金。

第四章 敞开心扉，你会过得更快乐

　　人与人的相处中，要拥有广阔的人际交往圈，首先需要我们敞开自己的心灵，不要封闭自己，多看看外面的世界，同时也要多交朋友，编织自己的人脉网。人与人的相处中，语言是一道重要的沟通桥梁，即使口才不好，也要多说话，多交流。幽默的语言不仅能为自己带来快乐，也能为别人带来快乐，从而为自己赢得更广阔的人际圈。

18. 小心抑郁症，敞开心灵拥抱阳光

把封闭的心门敞开，心灵的光明就能驱散失败的阴影。生活中的波折不可避免，只要我们换一个角度思考问题，一切都会变得不同。生活，带给我们很多欢笑、很多快乐，我们应该感谢生活！生活，能让你懂得什么叫泪痕，能让你真正找到自我！我们应该庆幸，只要身体是健康的，那么生活就是幸福的。

世界上有贫也有富，有丑也有美，你看到了什么，取决于自己是积极还是消极。在年轻时学会勤勉地工作，用一种光明的思维对待生活，那么，只要张开手掌，你就会发现，里面有一片灿烂的人生。

有一首叫《快乐颂》的歌是这样唱的："快乐其实也没有什么道理，快乐就是这么容易的东西。"既然快乐是这么简单的事情，可是为什么世界上还是有这么多的人不快乐呢？

记得曾看到这样一句话："因为智慧所限，当我们被'绝望'、'悲观'笼罩时，会觉得这个世界是黑暗的，人生的前程是黑暗的……一般人处在这种状态中，会把原因归咎于环境、命运或者他人，认为自己是无辜的受害者。实际上这是一种颠倒。环境无所谓黑暗与光明，光明和黑暗都来自于我们的内心。如果我们的内心是光明的，无论身处何处，总能看到希望，相反如果我们内心是黑暗的，即使处在天堂，恐怕眼前也看不到光明……"

我相信人的天性是快乐向上的。当有一天，你发现自己深陷痛苦的泥淖不能自拔，或者你的家人和朋友每天抑郁寡欢，敏感暴躁，给你带来很多烦恼时，你或许应该想想，是什么剥夺了你们快乐的权力。

有兄弟二人，由于卧室的窗户整天都密闭着，他们认为屋内太阴暗，他们看见外面阳光灿烂，觉得十分羡慕。兄弟俩就商量说："我们可以一起把外面的阳光扫一点儿进来。"于是，兄弟两个人拿着扫帚和簸箕，到阳台上去扫阳光。等到他们把簸箕搬到房间里的时候，里面的阳光已经没有了。这样一而再、再而三地扫了许多次，屋子里还是一点儿阳光都没有。正在厨房忙碌的妈妈看见他们奇怪的举动，问道："你们在做什么？"他们回答说："房间太暗

了，我们要扫点儿阳光进来。"妈妈笑道："只要把窗户打开，阳光自然会进来，何必去扫呢？"

一个人偶尔心情不好，不至于影响性格，若长期心情不好，对性格就有影响了。如常年累月爱生气，为一点小事就激动，就容易形成暴躁、易怒、神经过敏、冲动、沮丧等性格，这是一种异常情绪化的性格，对一个人的健康是不利的。因此，要乐观地生活，要胸怀开朗，要始终保持愉快的生活体验。这就需要我们首先找出自己的优点，并不断地暗示自己，强化自己，坚定自己的信念："我一定可以活得更好。"同时提高自己的抗挫折能力，努力改变糟糕的现状，让自己活得更好。每个人在生活中总会遇到很多不开心的事，你绝不是最惨的那一个。

懂得一件事情怎么做，叫成长；知道一件事情要不要做，叫成熟；明白一件事情如何花最小的力气去做，叫经验，我们应该在生活中不断成长，不断成熟。累了，要好好休息；错了，别埋怨别人；苦了，当作是幸福的前奏；痛了，才会懂得珍惜。积累更多的人生经验，才能体现自身的魅力，才能实现自己的价值，快乐也会伴随着我们，请拓宽胸怀，敞开心扉，世界才会更明亮。要相信：我们可以不伟大，但我们有尊严；我们可以不完美，但我们会努力；我们可以不富有，但我们很真诚。

凡事不要计较太多，你就会过得很快乐！有些事情都已经发生了，谁也不能改变的时候，我们就没必要再去计较，而要接受现实。过去的就让它过去，我们要试着学会去遗忘、放弃，那样你会觉得你的每天都会过得很轻松！

知足常乐，这看似不合时宜的思想，却隐藏着幸福的奥秘！经济的发展有赖于人们永不满足的欲望，但是有智慧的人，会懂得适可而止。我们不是得到的太少，而是计较的太多！

在我们的身边，有多少不公值得耿耿于怀，有多少错误需要念念不忘，有多少委屈使自己喋喋不休。所有的计较只是因为当时太年轻，太好胜，不够成熟，我们计较的正是我们看重的，我们在乎的正是我们需要付出的。

我们爱一个人，就不要要求对方是个圣人，自己是个凡人，爱上的也只能是凡人。爱一个人不是计较对方的缺点与错误，计较的越多就会认为这些问题越严重，最后可能就是伤害。为了不必要的计较而伤害爱情，伤害家庭，伤害自己，是最不值得也是最愚蠢的行为。

计较就是计算与较量，计算自己的得失，计算自己的成败，计算自己的付出与回报，计算自己的利益。较量，就是比较与衡量，在比较的基础上衡量进退，衡量利害。然而，世界上总有一些东西是无法计算、比较、衡量的，这些东西与势利无关。这些东西是什么？我也不完全知道，因此我一直在寻找，尽管我还不能完全窥其全貌，但是我坚信这些东西一定存在，就像我相信头上的天空有更遥远的地方。

19. 不要封闭自己，多看看外边的世界

面向阳光，阴影就被你甩在了身后；心中拥有太阳，温暖就永远伴随你左右。有阳光心态才有灿烂的人生，有光明的思维才有闪亮的生活，有积极的心态才有快乐的生命。在这其中，性格起着至关重要的决定作用。

同样的风景，有人看到的是满目泥土，有人看到的是万点星光。面对同样的际遇，如果持一种悲观失望的灰色心态，看到的自然是满目苍凉、了无生气；如果持一种积极乐观的阳光心态，看到的自然是星光万点、一片光明。

性格是可以改变的。性格与脾气秉性（心理学上所说的气质）不同，前者是后天学习得来的，受一个人的成长环境、教育程度、价值观、人生观等影响；而后者却是先天遗传而来。因此，只要愿意，我们可以在生活中塑造一个好的性格。

如果你已经形成了某种不良的性格特征，例如懒惰、孤僻、自卑、胆小等，就要下决心改变自己。人的性格虽有一定的稳定性，但它是可变的，只要自己下决心去改，能产生明显的效果，懒汉可以成为勤奋者，悲观失望的人也可以变得积极向上。

有一个独生女，从小朋友不多，也不太喜欢与人交往。毕业后参加工作，单位里的年轻人很多，而且很多男孩长得都不错。跟这个女孩年纪差不多的另一个女孩很讨人喜欢，她活泼开朗，爱说爱笑，有很多的异性朋友，也跟异性同事聊得来。

女孩到了这样的年龄，心中总会有点小小的渴望，希望别人能够喜欢自己。但事实上，似乎并没有人喜欢她，甚至都没有一个异性同事主动跟她说话！她感到有些失望，认为自己真的比不上别人。

曾有人议论这个女孩，说她太高傲。其实，女孩并不是高傲，只是跟别人没什么共同语言，别人说话的时候，她总感觉插不上嘴。慢慢地，她也懒得凑热闹了，变得沉默起来。

其实这个女孩只是性格内向，不爱与人交往，因此到了恋爱的时候，却没

有等到爱情的花朵。倘若她改变一下自己，尝试着主动去栽种爱情的花朵，或许会有很大的收获。

社会与校园相比，人际关系十分复杂。年轻人都有着较强的个性和极强的自尊心，如果不善于与人交往，不会与人沟通，难免将自己封闭起来，以至于带来诸多烦恼与痛苦。人际交往能力是一项重要的能力。我们生活在一个复杂的社会关系网中，每个人都必须与外界交流，拓展自己的人际关系，提升自己的人脉竞争力，才能立足于这个社会。年轻人如果不想处处碰壁，就必须懂得一些人情世故，掌握一些交际礼仪和沟通技巧。人生中，确实会有许多问题困扰着你，不同的是，同样的困境中，有的人失败了，有的人成功了。之所以会出现这样的结果，问题就在于有人只希望脱离苦海，有人却希望通过改变性格而获得应付问题的力量。

比尔大学毕业后，应征入伍，被派遣到英国海军第七陆战队第五特遣队。就在比尔兴冲冲地前去报到一周后，他所在的部队便奉命开赴沙漠地区，进行野外生存训练。对比尔来说，这次训练既令他兴奋又令他紧张。然而，初见广袤沙漠的喜悦和兴奋，也就在他的内心停留了那么两三天，便被严酷的生存训练课所吞噬。

比尔躺在自己挖的沙窝里，一分一秒地忍受着耐力训练给他带来的孤寂与焦躁。他想找个人聊一聊，可他离最近的列兵约翰也有30米远。他想睡一会儿，可又怕毒蛇和沙暴的突然袭击，他感觉眼前漫天的黄沙仿佛是一台榨油机，正一点一点将他内心的那份坚强与自信榨干。然而，这一切只是他们这次训练的开始。

就在他来到沙漠的第15天后，他给他的父亲——一位陆军将军写了封信，希望父亲能利用他在军界的关系将他调离特遣队。之后，等待便成了他每日军营生活中唯一的希望。一周后，他接到了父亲的来信，父亲在信中只给他讲了这样一个故事：

第二次世界大战期间，纳粹的奥斯维辛集中营的一间狭窄的囚室里关着两个人，他们唯一能了解世界的地方，是囚室里那扇一尺见方的窗口。每天早上，他俩都要轮流去窗口眺望外面的世界。一个人总爱看窗外的天空，看蓝色天空中的小鸟自由地翱翔，另一个人却总是关注高墙和铁丝网。前者的内心豁达而高远，后者的心里却充满了焦躁与恐惧。半年后，后者因忧郁死在狱中；前者却坚强地活了下来，直到获救。

　　还有什么事情比努力地活下去更了不起呢？还有什么比早上醒来看见阳光、蓝天更令人愉快呢？如此一想，比尔的心窗亮了。接下来的训练中，比尔的内心仿佛又充满了活力，他没有辜负父亲，在那次艰苦的训练中因表现出色而获得了嘉奖。

20. 口才不好，更要多说话多交流

人与人之间，靠言语去交流，靠心灵去沟通。人与人相互间沟通，99%的部分要靠语言来进行。所以，一定要学会用语言进行交流和沟通。语言沟通就是把信息准确而令人信服地传达给对方，并争取让对方接受我们的想法。

说话，几乎是大家天天在做的事情，但善于说话，能清楚地表达自己的意图，使别人乐意接受，却是一件不太容易的事情。心理学家理查德·班得勒说过，当你对一个人说话时，你不是想向他传达信息，就是想改变他。但对方是否会接受你的意见，换句话说，你沟通的目的是否能够实现，却是另外一回事了。有人不重视这个问题，认为把自己意思说清楚，沟通的任务就算完成了。其实沟通是双向的交流，它的成败不取决于你说了什么，而取决于对方的反应。对方不接受你，那你说得再多，也没有任何意义。

古希腊寓言中说：舌头这种东西的确像个怪物，它能用最美好的词语来赞誉你，也可以用最恶毒的语言来诅咒你，它能把蚂蚁说成大象，也能把小丑说成国王。"平常我们看一个人是否有力量，这种力量能否表现出来，在很大程度上取决于他说话的能力。

接近他人并与他人迅速地建立起良好的关系并不是一件容易的事情。毫不夸张地说，"套近乎"也是一门学问。它能够让你很快拉近与他人的距离，关系密切了，才能互相照应，才能有交流和合作的可能。

留下美好的第一印象。人们是否愿意与一个人成为朋友，接触的前4分钟至关重要。因此，当你在社交场合中遇到陌生人时，应把注意力集中在他身上4分钟。在相互接触的前几分钟里，适当的表演是最好的一种方式。

找到共同点。在谈话的内容上，要尽量与对方求同存异，尽力扩大共同点，增加共识。

在我们与人交谈的时候，不要以讨论不同的意见为开始，要以强调而且不断强调双方所同意的事情为话题。对我们所提的问题，要尽可能地让对方总是以"是的"等肯定的方式来回答，一旦对方总是说"是的，是的"，那么他就

会忘掉双方间所争执的事情，而乐意去做你所建议的事情。征求对方的看法和建议，这也是对对方的一种尊重，而对方也会感到很荣幸。在适当的时候，不要忘记真诚赞美对方几句，这样沟通的效果会更好，因为人人都喜欢赞美。

如果你们同时喜欢绘画，或者电脑游戏，或者在同一个地方居住过，那么可以聊的话题就丰富了很多。建立在共同认知基础上的关系往往会发展得更加顺利。亲戚老乡这类较为亲密的关系会给人一种温馨的感觉，有利于交际双方建立信任感。

建国后，毛泽东接见民主人士时，凡是与他有点亲戚关系的，以及通过师生、故友的关系有些瓜葛的，往往是刚一见面，没出两三句话，他就爽直地和盘托出自己与对方的关系，在"我们是一家子"的爽朗笑声中，活跃了气氛，使被接见者倍感亲切。

我们不仅仅可以从地域上找到突破点，即使是在相貌上，也有很多可以挖掘的地方。恰当地从外貌寻找共同点就是一种很不错的交际方式。

有个善于交际的朋友在认识一个不喜言谈的新朋友时，很巧妙地把话题引向这个新朋友的相貌上："你太像我的一个表兄了，我刚才差点把你当作他，你们俩都高个头，白净脸，有一种沉稳之气……穿的衣服也太像了，深蓝色的西服……我真有点分不出你们俩了。""真的？"这个新朋友闪着惊喜的眼光。当然，他们的话匣子都打开了。

他把对方和自己表兄并提，无形中缩短了两人之间的距离，在描述两人相貌时，又巧妙地给对方以很大的赞扬，因而使这个不喜言谈的新朋友也动了心，愿意与其倾心交谈。

同时我们也要注意在谈话过程中，主动使自己的口头语言、身体语言与对方保持一致。对方习惯用什么方式，你就用什么方式配合。这样会给对方一个你很认同他的暗示，使他得到尊重和满足。如果对方正襟危坐，不苟言笑，那你也最好规规矩矩，不要大大咧咧。他要是喜欢打手势，你就用手势去配合。这样即使谈话中一时难以取得一致的意见，但只要和对方配合默契，双方都会愿意继续谈下去。

不要轻易使用否定性的语言。所有的陈述都可以使用否定、失望的方式来表达，也都可以用肯定、充满希望的方式来表达。但每个人都更容易接受积极的方面，所以你应该使用积极、肯定的语言，带给对方一种积极向上的感觉。即使是否定的内容，你也可以用肯定的方式进行表达。曾国藩曾在奏折中将

"屡战屡败"改为"屡败屡战",给人的感觉就不一样了。

注意语调的运用。语调,也就是说话的语气、声调、语速的快慢和声音大小等,它的主要作用在于情感的表达。语调的抑扬顿挫、缓急张弛,往往比语言本身更能传情达意。

21. 经营友情，编织自己的人脉网

朋友就像生命中的一盏灯，当你需要温暖的时候就送来温暖。朋友就像你的精神支柱，当你颓废的时候给你最多的勇气。友情需要真心地付出，就像一株花，它需要时常浇水，才能开放得最久，最香。

朋友是一种惺惺相惜，值得相互尊敬的人际关系，朋友在生活中长期的倾心互诉，长期的你来我往中，产生一定的信任度和依恋感。当朋友遭受困难或挫折时，就会不假思量的伸出援助之手，使朋友渡过难关。朋友可以排忧解难，欢乐与共。

现代社会竞争激烈，压力甚大。朋友与朋友之间是拥有最大信任的倾诉者。现在人生活工作中虽然烦恼不堪，但绝不会向谁都诉说，只有朋友间才能产生深深的理解和支持。

生活中，我们不能缺少朋友。多结交一个朋友就多一条路，千万别远离了朋友，要知道朋友是你人生中一笔巨大的财富，是关键时刻拉你一把的靠山。

人际关系网不是一朝一夕就能建立起来的，它需要几年、十几年、甚至一辈子地经营。曾任美国总统的西奥多·罗斯福曾说："成功的第一要素是懂得如何搞好人际关系。"

在美国，曾有人向2000多位雇主做过这样一个问卷调查："请查阅贵公司最近解雇的三名员工的资料，然后回答：解雇的理由是什么。"结果三分之二的雇主的答复都是："他们是因为与别人相处不来而被解雇的。"

很多成功的商界人士都意识到了人际关系对一个人成功的重要性。曾任美国某大铁路公司总裁的 A·H·史密斯说："铁路95%是人，5%是铁。"美国钢铁大王及成功学大师卡耐基经过长期研究得出结论说："专业知识在一个人成功中的作用只占15%，而其余的85%则取决于人际关系。"所以说，无论你从事什么职业或专业，学会处理人际关系，你就在成功路上走了85%的路程。

搞好人际关系是每一个渴望成功的人都要认真面对的问题。我认为，缺乏诚信根基，则交往难以保持长久；而缺乏交往技巧，则难以彰显诚信的功用。

所以,在诚信的基础上,交往还要讲究一些技巧,以便营造更加和谐的人际关系。

纪伯伦说过:"和你一同笑过的人,你可能把他忘掉;但是和你一同哭过的人,你却永远不忘。""路遥知马力,日久见人心。"真正的朋友,是那个借给你肩膀的人,指给你方向的人。朋友是会站在你的立场,感受你内心的悲伤,体谅你的脆弱,给你一个怀抱让你放声大哭,让你擦干眼泪继续前行的人。

什么是朋友?就是把你看透了还能喜欢你的人,就是有一个馒头分你一半的人,就是到老了还能叫你绰号的人。没有爱情你会失去一半的幸福,但是没有友情你会失去一半的世界。

有了朋友,我们就在人世的寂寞中找到了相互扶持的温暖;有了朋友,我们可以与其分享生命中的快乐和痛苦;有了朋友,我们就有了继续努力和前进的信心。然而,友情也需要经营,不要等到失去了,才猛然明白它的可贵。

林扬和肖青是大学同寝室同学,两个人都独立有想法,常常觉得不被世界所理解,两人之间反而比较谈得来,视对方为知己。两个人同进同出,无论上课还是图书馆,无论吃饭还是跑步,都形影不离。对于生活,对于就业,对于爱情,两个人的看法都差不多,彼此鼓励着要坚持立场。两个人的生活节奏原本并不一致,林扬是个急性子,肖青是个慢性子,起初,林扬总是等肖青,后来,两个人慢慢找到了默契,两个人还是形影不离。大二的时候,一个男生追肖青,林扬对那个男生并不看好,可是还是鼓励她坚持自己的选择。肖青与他交往了不到两个月就分手了,林扬没有责怪她,还让她不要后悔。就这样,两个人虽然也有不愉快的小插曲,但是总能过去。可是,一颗隐藏的炸弹始终横亘在两个人当中,那就是金钱观念的差异。林扬家境富裕,花钱大手大脚;肖青却是个理财高手,什么都精打细算。两个人一起出去吃饭,林扬总是抢着付钱,而且林扬选择的饭馆、旅游景点总是很贵,肖青觉得钱上很吃紧。而林扬就觉得肖青很小气,斤斤计较,好几次她都觉得不舒服。这一点一点不舒服的感觉越聚越多,在大二时终于爆发了。一次林扬没去买饭,就随手拆了肖青的桶装饼干吃。肖青回来,看到饼干盒子没有盖好,就问怎么回事。林扬像往常一样,大大咧咧地说我饿了,就吃了几块。肖青怪她为什么不把盒子盖好,这让林扬很恼火,她觉得肖青虚伪,明明是心疼饼干,却拿盒子说事儿,情急之下竟不知如何还嘴,竟像个孩子一样哭起来。就因为这件小事,就因为几块饼干，两个人再没有说话。直到最后离校，也没有任何表示。两个都是很倔强的女孩，即使后悔也不会说出来。之后，肖青到南方工作，林扬在北方读研。几次同学聚会，两个人都没参加。林扬研究生毕业，也到了肖青所在的城市工作。那么大一个城市，两个人偏偏又遇见了，但却无话可说。

这段两个人都很珍视的友谊如流水一样再也不可挽回。唯一值得庆幸的是，这件事对两个人的影响都很大，在以后的道路上，她们都会开始懂得应该如何呵护友谊。我们总是在失去的时候觉得突然，不能接受，其实任何事情都不是意外，任何质变都是量的积累。如果你没有注意到友情已经在慢慢变化，那么你就会在某个瞬间失去它，便再也寻不回，不要让结伴而行变成孑然一身。

22. 到新公司，要融入到新的圈子里去

人都有与人交往的需要，否则就会感到孤独、寂寞、抑郁、焦虑。可是，人的交往能力并不是生来就有的，是在后天环境熏陶和有意识地培养下产生的。

我们经常会听到"我们这个圈子的人……""大家都是一个圈子的……"俗话说："物以类聚，人以群分。"圈子就是一个小的集体，在这个集体中，每个成员都彼此熟悉，有着共同的爱好，共同的价值观，或是共同的任务。一个行业、一个单位、一个俱乐部、一个兴趣爱好小组等，都可以看成一个圈子。人们不仅能在圈子中找到归属感和乐趣，还能从中受益。

案例1：善于交际的小陆，在IT销售行业工作了好几年，认识了行业内的一些前辈，也积累了一定的客户资源。他想跳槽的时候，有个同行马上就给他介绍了一份理想的工作。因为同行了解他的能力和条件，非常愿意帮助他。

案例2：喜欢旅游的小谢，经常在网上召集一帮人游山玩水，有以前认识的，也有不认识的。每次旅游他都能结识到很多的好朋友。虽然他是独生子，但他从来不感到孤独，生活充满了乐趣，每当旅游的时候，他都会因跟"驴友"们在一起而感到很快乐。

一个人不可能独自存在于社会上，每个人都有着一个朋友圈子。在一个圈子中，人们能找到自己的归属感，而归属感又能给予自己更多的安全感。圈子是一个人一生中交往和活动的主要场所。不同的圈子决定着不同的生活态度。

对于许多20多岁，刚从学校毕业，走入社会的年轻人来说，结交新的朋友，融入他人的社交圈子是很重要的一堂课，也是很重要的一种心理挑战。从学校进入社会，自身角色的转变、环境的改变、人生任务的转变、周围人员的改变都会使人有些手足无措的感觉，不知道怎样做才能和大家打成一片。

面对陌生的环境，心理上刚刚开始走向成熟的年轻人，往往会出现一段时期的"社交空窗"，更加在意自己的举动，潜意识里把自己固定在新人的角色上，处理人际关系时，容易拘谨、害羞、多疑和无所适从，总感觉自己落了

单，这也是让他们最感到苦闷的事情。"刚才他们明明聊得很开心，可是我一走过去，他们就闭嘴了，难道是在说我什么吗?"、"看着同事们谈笑风生，我也想融入进去，可就是插不上嘴……"很多刚刚步入社会的年轻人面对陌生的环境，都觉得很难融入别人的圈子中去。

到一个新的工作环境，首先不能自卑退缩，被动地等别人来理你，询问你的需求，来帮助你，而应该有一种主动"凑热闹"的态度。别人在玩，你可以欣赏；别人聊天，你可以倾听，然后找机会加入。

不要害羞，也不要不好意思接受他人的关心或帮助，只顾自己埋头苦干。其结果是事情不见得做得好，还会让人觉得你很清高、不合群。与其自己瞎揣摩，不如利用初来乍到需要先熟悉情况的空闲，多观察观察工作环境，如工作氛围是开放还是保守，同事之间的交流是直接还是含蓄，等等。另外，要加入他人的圈子，就必须找出与他人的共同话题。那些所谓的"文友"、"书友"、"歌友"等，都是因为一个共同的爱好而结合在一起。因此，要寻找大家的共同话题和兴趣。当然，自己也要学习一些常识和技巧，和别人有共同的活动乐趣，才有可能共享快乐。

要扩大自己的圈子，就积极地接受别人的邀请。在聚会中，你会有机会认识很多的新朋友，朋友的朋友经过一两次见面、接触，也会很快变成你的朋友。这样，你的人际圈子也就慢慢扩大了。因此，在别人邀请你参加某个活动的时候，即使你很不想参加，也应该愉快地应邀。朋友的多寡，社交的成败，有时候就在于你的一念之间。

有些人天生骨子里就散发着一股清高劲，凡事有自己的一套行为标准，有自己的做人原则，一旦别人的举动不在自己的标准和原则之内，就开始疏远、鄙视他人。而另外一些人天生就透着一股亲和力，想他人所想，虽然也有自己的原则，但有时候也能"随大流"。在与人交往时，我们应注意以下几个问题。

（1）**表里如一，与人为善**。同事关系不同于一般社交场合的人际关系，更讲求实实在在的真诚相处，因为虚"礼"比不过长期共事而得到的深刻了解。表里如一、真挚诚恳，会受到同事的称赞。同事间答应了的事，要千方百计去做好，信口允诺，说后便忘，难以取信同事。

（2）**不骄不躁，不卑不亢**。同事间能力大小，水平高低是客观存在的。自认为水平高的人，盛气凌人，用教导别人的口吻说话，这并不能提升自己的形象；自认为水准不够，面对强者缺乏自信与勇气，也难获得交往的成功。对比自己强或幸运的人，心生嫉妒，以此产生害人之心，传播谣言，搬弄是非，往往自食其果，日子久了，就会被同事们疏远。

（3）**君子之交，多边联系**。与同事交往忌冷漠，但也不可过分亲热，特别是与一两个人交往过密，明显悬殊于与其他人，是同事关系的一大忌。同事间过分密切，了解甚深，一旦有点磨擦就难免"兜底"，进而造成关系破裂。搞超出一般同事关系的交往，总的同事关系就难以平衡。一碗水端平，是最佳状态。

（4）**经济往来，一清二楚**。同事再要好，毕竟不是一家人。假如有经济往来，账目必须清楚，短期内难以还清债务时，借钱的一方应及时向对方说明，请求延期。平日借的小数目钱款应及时还清，以免遗忘。有意无意地占别人的便宜，都会有损自己的形象。

（5）**发生分歧，保持冷静**。同事相处，难免发生一些意见分歧和误会，听到中伤自己的传言，不必火冒三丈，要冷静核对事实，即使有这回事，也要仔细考量。重要问题可选择适当场合澄清，无关紧要的小事，一笑了之就可以了。如果采用以牙还牙，反唇相讥的做法，同样是不理智的。

（6）**同事相熟，也讲仪态**。有些人认为和领导或同事是老熟人了，在处理关系时不拘小节。比如领导正在开会或处理其他公务，你贸然闯进去打断会议或正在进行的工作，会给人留下莽撞且不懂分寸的印象。工作时间有事找领导，应简单扼要地说明来意，阐明报告内容。进入领导的办公室，事先要敲门，无论领导是否在场，都不能随意翻阅桌上的公文、信件等。再有，对领导尊重得谦恭过分，容易显得虚伪，至于别有用心地吹吹拍拍，不仅失礼，而且失德。这些都是在处理同事关系时应注意把握的问题。

23. 别在乎别人的目光，大胆表现自己

人生在世，别人给予我们什么样的目光，我们无法决定，但我们可以决定自己的表现，用自己的表现去改变别人看我们的目光，即使别人给予我们的是不屑的目光，我们也要大胆的表现自己，坚持自己的个性。

伟大的剧作家莎士比亚曾说："你是独一无二的。"这是对个性最高的赞美。

人成长的过程是一个逐步认识自我、确定自我的过程。每个人都有自己特定的个性，但并不是每个人都能认识到这一点。人是在创造自我的过程中逐步地显露个性、塑造个性和形成个性的。所以，形成并保持自己个性并不是一个容易的过程。我们在成长的过程中，几乎每个人都经历过一个模仿期。模仿是上帝赋予我们的秉性，也是我们的能力之一。在涉世和从业之初，模仿是可以的，甚至是必要的。因为模仿是我们认识自我必须经历的一个过程。但是，模仿只能是一种手段，而不是目的。造物生你，是让你成为真正的自己。任何雷同，都会使其中的一方失去其存在的意义，所以，你可以模仿别人，但千万不要让自己成为别人。你就是你自己，一定要找到自己的独特之处，造就自我，形成并保持自己的个性。

那么，如何形成并保持自己的个性、创造自己的个性魅力呢？

1. **要积极塑造自我**。人生不像草木，人是有能动性的。人生是一个创造自我的过程。所以，你一定要采取积极的态度，积极地行动，按照自己希望的那种模样来塑造自我，使你成为自己希望成为的那种人。

2. **接受真实的自我**。这种接受包括一切缺陷、过失、短处、毛病。当然，你一定要明白，你的这些弱点和缺陷虽然属于自己，但不并等于自己。有了缺点，并且知道自己的缺点，会使我们更加努力改正缺点，也使我们自我进步的努力更有意义。

3. **甩掉面具**。这个问题说起来容易，但做起来很难。在现实生活中，我们总是处在表现自己和保护自己的冲突之中。一方面，得到承认的渴望要求我

们自我表现；另一方面，保护隐私、维护自身安全的需要，又让我们不敢真实地展现自我。要解决这个问题，既需要有相适应的大的社会文化环境，也需要个人的努力，用成功来证明自我，保持自我。

24．幽默让自己快乐，也能给人快乐

对劳累的人们来说，幽默就是休息；对忧愁的人们来说，幽默就是解药；对悲伤的人们来说，幽默就是安慰；对困境中的人们来说，幽默就是力量！幽默是化解尴尬的良方，幽默的话语常能令人转怒为喜，开怀大笑，并且能使人在笑声中有所悟，有所得。一笑泯恩仇，是不无道理的。

幽默既是一门学问，也是一种艺术，如能很好地加以运用，会使你的社交增添几分潇洒，几分浪漫，几分乐趣。幽默的谈吐和行为更是一个人智慧的体现。

一次，乾隆皇帝想故意考考刘墉，突然问了他一个很怪的问题：京城共有多少人。刘墉虽然觉得很意外，但还是冷静地给出了答案："有两个人。"乾隆不解。于是刘墉解释说："人再多也不外乎男人与女人两种。"乾隆不甘心，又接着问："那今年京城又有几人出生，几人去世？"刘墉回答说："有一个人出生，却有十二个人去世。"乾隆还是不解。于是刘墉解释说："今年不管出生多少人都是一个属相。但去世的就不同了，十二个属相都有。"乾隆听了之后大笑，被刘墉的妙答折服。

当人在交际的过程中遇到一些意想不到的尴尬局面时；当你在生活中陷入一种沮丧悲观、忧郁烦恼的不良情绪中难以自拔时；当你准备给无礼的对手一个不失风度的回击时，幽默是你最好的选择。林肯以他的幽默和机智赢得了大多数人的喜爱，他的一些幽默机智的故事在美国更是家喻户晓，人人皆知。

一次，林肯正面对大众，滔滔不绝、热情洋溢地进行着他的演讲时。人群中有人传递给他一张纸条。林肯未经思索，立即打开了纸条，没想到，纸条上竟然写了这样两个字——"傻瓜"。当时，林肯旁边有很多人都看到了这两个字，大家都怔住了，他们都盯着他们的总统，不知道他会如何来处理这一公然的挑衅。大家都诚惶诚恐地注视着事态的发展时，林肯略一沉思，微微一笑："本人收到过许多匿名信，全部都只有正文，不见署名，而今天却正好相反，这一张纸上只有署名，却缺少正文。"话音刚落，会场里便响起了热烈的掌

声，经久不息。会场气氛由紧张变为轻松，演讲也得以继续进行。

有理智涵养的人，大都具有幽默感，如果这种幽默感运用得当，常能在解决问题时，获得意想不到的效果。

要记得，幽默在人们生活中所起到的作用，不亚于水、阳光、空气对于生命的作用。

利物浦市郊的一家酒店内，一位顾客忽然发现啤酒泡沫里有一只苍蝇。他恼火地直呼经理："贵店的酒都是这样吗？"经理急步走近，见状将侍者招来，顾客以为经理一定要对下属大发雷霆，谁知经理没有大声训斥，只是严肃地告诉侍者："可要记住，詹姆斯！今后请把啤酒与苍蝇分开放置，由喜欢苍蝇的先生自己将苍蝇放进啤酒里，你觉得怎样？"四周的顾客不约而同地笑起来，顾客的恼怒、侍者的沮丧也随之一扫而光。

弗洛伊德说："最幽默的人，是最能适应的人。"有些时候，矛盾双方都有调解的愿望，但一时找不到台阶。这时，一句幽默的语言往往能使双方在笑声中相互谅解和愉悦。

作家冯骥才就是善用幽默化解尴尬的高手。他在美国访问期间，一位美国友人带着儿子来探望冯骥才。结果，这位朋友的儿子不仅身材格外壮实，而且还尤其好动。刚进冯骥才的屋子就爬到了冯骥才的床上，在上面忘我地蹦跳着。面对这种情况，冯骥才幽默地对他的美国友人说："请你的儿子回到地球上来吧。"于是，美国友人在笑声中把儿子领下了床。

打圆场时怎样才能圆得巧妙和恰当，这值得我们好好学习，但幽默绝对是最好的武器。

第五章

找好成熟地标，安度你的社会『潜伏期』

　　年轻人刚刚走向社会时，难免会在社会中遭遇各种各样的磕磕碰碰，怎样安全地度过社会的"潜伏期"对一个人的一生是至关重要的。年轻人在这一社会"潜伏期"要找好成熟的地标，告别曾有的年少轻狂，培养自己成熟稳重的社会气息。工作时要有耐心，不要急躁，不要急于求成。同时还要平复自己浮躁的情绪，静心去做事，注重生活和工作中的小细节。

25. 告别年少轻狂，做人要稳重

不少年轻人觉得怀才不遇，他们总是认为自己很有水平、很有能力，因为缺少让他们施展才能的舞台，所以很难有什么作为与成就。其实，我们应该仔细掂量一下自己的能力，真金是要靠实力来证明的。

谦虚不仅是一种美德，更是一种人生的智慧，是一种通过让步来保护自己的计谋。

著名科学家法拉第曾被国家授予爵位，用于表彰他在物理、化学方面的杰出贡献，但被他拒绝了。法拉第在退休之后，仍然常去实验室做一些杂事。一天，一位年轻人来实验室做实验，他对正在扫地的法拉第说道："干这工作，他们给你的钱一定不少吧。"老人笑笑。"你叫什么名字？老头。""迈克尔·法拉第。"老人淡淡地回答道。年轻人惊呼起来："哦，天哪！您就是伟大的法拉第先生！""不"，法拉第纠正说，"我是平凡的法拉第。"

很多刚刚毕业几年的年轻人，心高气傲，时时处处显示出一种优越感，总觉得自己是一匹千里马，是一个人才，期待着有伯乐来发现自己，赏识自己。但现实情况远非他们所想的那样。当优越感逐渐转为失落感甚至挫败感时，心中的愤怒、迷茫、自卑就开始与日俱增。

20几岁的年轻人，涉世不深，又正逢角色和身份的转变时期，必须面对很多从未经历过的事情。他们在步入社会后，遇到困难和机遇，无所适从，不知道如何把握和处理。比如，有些年轻人在与人交往的时候，过度以自我为中心，忽视他人的感受，因此在人际交往中难免会遇到各种阻力。

小谢性格开朗，工作上也有能力。按理说，他应该有很好的发展机会，但在他工作的三年时间里，没有得到任何的奖励与提升，甚至连公司的培训机会也没有获得过。原因在于同事和部门领导都不太喜欢他，就连开始很看重他的前辈老刘也不再愿意跟他一起工作。

老刘见他是新来的，平时在工作上挺照顾他。有一次，老板让他和老刘一起做一个项目方案，由老刘做一些重要的项目分析，小谢跟着做一些辅助工作。在做方案的过程中，老刘愿意给小谢一个锻炼的机会，因此在完成了一些重要的条款后，就把一些不太重要的部分留给小谢试着去完成。

第二天，小谢到得很早，把方案打印出来后，打算直接交给老板。老刘想再检查一遍再上交，可是当老刘看到方案的时候，他发现前面的部分已经完全不是他做的了。小谢把他的很多想法擅自否定，然后重新按自己的思路写了一遍。

老刘问小谢为什么擅自改动他做的部分，小谢说他觉得自己的思路更好一点，所以就改了。老刘顿时脸色大变，感到自己没有受到尊重。自己作为一个"师傅"，花了三天做的方案，不声不响地就被"徒弟"改掉了，即使小谢的想法有多好，也有必要跟自己商量一下再做改动。从此，老刘再也不愿意和小谢一起执行任何任务了。

生活中有很多年轻人，都像小谢一样，只顾着表现自己，缺乏理解他人的能力，忽视了他人的感受，缺乏对他人的尊重，所以不受人欢迎。

一个人如果在人际交往过程中能懂得体会他人的情绪和想法，理解他人的立场和感受，并站在他人角度思考和处理问题，也就是心理学上说的，有一颗同理心，他才具有亲和力，人际关系才是良好的。

26. 工作不要急躁，学会稳扎稳打

长期受急躁情绪折磨的人，内心的和谐宁静常常被打破，甚至会出现情绪上的紊乱状态。除浮躁之气，戒急功近利之心可以增强一个人决策的科学性和预见性。

情商是测定和描述人的"情绪情感"的一种指标。具体包括情绪的自控性、人际关系的处理能力、挫折的承受力、自我的了解程度以及对他人的理解与宽容。情商低的人不会处世，人际关系紧张，容易急躁或是缺乏理智；而情商较高的人，通常有较健康的情绪，有良好的人际关系，遇事懂得调节自己的心理，获得心灵上的放松。

提高自己的情商是形成健康人格的一部分。高情商不是先天生成的，而是在后天不断地实践中所得。这就要求我们保有一份平和的心态，喜怒哀乐，从容处之。

有一个自以为是的年轻人，毕业以后屡次碰壁，一直找不到理想工作。他伤心绝望，感到没有"伯乐"来赏识自己这匹"千里马"。痛苦愤懑之下，他来到大海边，打算就此结束自己的生命。在他正要自杀时，一位老人从附近走过看见了他，并且救了他。老人问他为什么要走绝路，年轻人说自己得不到别人和社会的承认，没有人欣赏、重用他……

老人从沙滩上捡起一粒沙子，让年轻人看了看，然后甩手扔在了地上，对年轻人说："请你把我刚才扔在地上的那粒沙子捡起来。"

"这根本不可能！"年轻人说。

老人没有说话，从口袋里掏出一颗晶莹剔透的珍珠，也甩手扔在了地上，然后对年轻人说："你能不能把这颗珍珠捡起来呢？"

"当然可以！"

"你应该明白了吧。现在的你还不是一颗珍珠，所以你不能苛求别人立即承认你。如果要别人承认，那你就要想办法使自己成为一颗珍珠才行。"年轻人蹙眉低头，一时无语。

每颗珍珠原本都是一粒沙子，但并不是每一粒沙子都能成为一颗珍珠。想要卓尔不群，就要有鹤立鸡群的资本。忍受不了打击和挫折，承受不住忽视和平淡，就很难达到辉煌。年轻人要想让自己得到重用，取得成功，就必须把自己从一粒沙子变成一颗价值连城的珍珠。

埃及有一则古老的传说：世界上只有两种动物能达到金字塔顶端。一种是老鹰，还有一种就是蜗牛。雄鹰能够到达塔顶，是因为它有一双能扶摇千里的翅膀；而蜗牛能够到达金字塔顶，靠的就是坚持不懈的执着。如果你是雄鹰，那么恭喜你，你可不用太过辛苦就轻而易举地踏上成功的顶峰；如果你是蜗牛，那么更要恭喜你，因为你可以靠着毅力爬上人生的最顶峰，而且你还能慢慢欣赏沿途的风景，收获感动。其实，在成功人士中，不乏蜗牛式的人物，新东方校长俞敏洪就是一个典型。

俞敏洪虽然是北大学子，但并不是人们以为的那种天之骄子。他高考落榜两次，直到第三次，才被北京大学录取。用三年的时间考上北大这块理想中的圣地，这是"坚持"给俞敏洪的一份恩赐。在以后的道路上，他越来越明白，"坚持"就是上天给他的最大恩赐。就像上帝给了雄鹰翅膀，却给了蜗牛毅力。

俞敏洪刚进北大时，英语成绩并不好。他在农村读中学时，单词、语法、阅读都没有问题，但是既不会听也不会说，完全是"哑巴英语"。分班的时候，因为英语考试分数不错，他被分到了A班，但是一个月以后，他就被调到了C班——语音语调及听力障碍班。

身在北大的俞敏洪发现前后左右都是智商极高的同学，不是省状元就是榜眼。尽管他每天都要比别的同学多学一两个小时，但是到了大学二年级结束的时候，他的成绩依然排在班上最后几名，这种情况一直持续到大四毕业。但这时，他已不再焦灼，也不再盲目地向谁看齐，而是看清楚了自己的个性和特点。毕业的时候，他已经有了一个良好的心态。虽然不比周围的同学聪明，但是他发现自己有一种能力，就是持续不断地努力。

在班级的毕业典礼上，他说："大家都获得了优异的成绩，我是我们班的落后同学。但是我想让同学们放心，我决不放弃。你们五年做成的事情，我做十年，你们十年做成的事，我做二十年，你们二十年做成的事我做四十年。如果实在不行，我会保持心情愉快、身体健康，到八十岁以后把你们送走了我再继续。"

这就是俞敏洪，没有闪光的外表却有着丰富的内心和持续发展的动力。他是班里的最后几名，却同样爬上了人生的顶峰，从而"一览众山小"。而且，他在攀爬的过程中，比那些一举成名的人获得更多的体验和感受。如果你是蜗牛，千万不要在雄鹰的翅膀下自卑，要知道这是上帝给你的特别的恩惠，是大地上一道不可或缺的风景。

在我们的印象中，很多驰骋商海的名人似乎都拥有一段令人称奇的故事。这样的故事听久了，很多人就开始对创业产生出一种"幻觉"，认为创业是一段令人神往的旅程。殊不知，这些创业英雄们头顶的光环得来并不容易，在他们的背后隐藏着很多不为人知的心酸故事。没有什么成功是一步到位的，成功者在创业之初所经历的磨难，远非一般人所能想象。

1987年，美国一位刚结婚的少妇开了一家饼干店，专门出售自己亲手制作的巧克力饼干。奇怪的是，开张的第一天，店里一个顾客也没有，丈夫十分焦虑。第二天，依然门庭冷落，没有一个客人走进大门，丈夫开始抱怨，对妻子冷言冷语，劝她关门另外找份工作。但是这位名叫菲尔茨的年轻太太很不甘心，于是，她带着饼干走到大街上，拦住路人让他们免费品尝，很多人尝过之后觉得非常好吃。消息一传十、十传百，大家开始接受并喜欢上了菲尔茨太太的巧克力饼干。后来，这种饼干竟成为了名牌食品，饼干店也开始朝连锁经营的模式发展。现在菲尔茨的公司已经在全球11个国家拥有了900多家分店，在1996年就获得毛利1.8亿美元。菲尔茨太太后来回想起自己的开店经历，庆幸当时能够咬牙坚持下来，她因为坚持而拥有了今天的成功，人生也完全转变了方向。

一个成功的人，一定经得起现实的残酷洗礼。敢与现实为战的人，再加上足够的坚持，几乎可以战无不胜。

蜗牛是渺小的，可它的精神是伟大的。蜗牛的确行走迟缓，可它不怕慢，抱着梦想，认定目标，一点一点地前进。虽然每一次的努力换来的只是非常微小的进步，但它知道，只要这么努力下去，就一定会成功。在现实生活中，蜗牛式的人物更多，蜗牛式的成功更普遍。几乎所有的名人都会告诉你成功的秘诀就是坚持。哪怕经历风雨，哪怕承受寂寞，哪怕面临压迫，都要一如既往地坚持下去……

27. 成功不是一蹴而就

再长的路，一步步也能走完；再短的路，不迈开双脚也无法到达。成功不是将来才有的，而是从决定去做的那一刻起，持续累积而成。成功也不是一蹴而就的，因此我们要在迈向成功的路上慢慢前进，用耐心去走好每一步，为成功打下良好的基础。

修记"2元超市"品牌在激烈的商海竞争中走到今日，离不开修记团队的不断学习改进。修庆生总经理不断提到："企业想要立足，必须建立起一支学习型、知识型、创新型的现代员工队伍。而这样一支队伍的形成必须通过提高员工的学习力来获取，或者通过吸收学习型人才，来激活生产力，增强凝聚力、提升执行力、激活创造力，进而达到打造核心竞争力的目的。"

与普通的两元店相比，修记"2元"超市更注重对产品细节的挖掘，更注重对稀缺资源的发现，可以说修记"2元"超市是一步一个脚印，踏踏实实地走向成功的。修记不断地寻找新产品，及时的将新产品摆上货架，对产品进行更新换代，不断满足消费者的需求，也给加盟商带来经营的优势。如今，是一个机遇与挑战并存的时代。创富，成了全社会都在研讨的课题。"修记"的发展和成长史，同时也是加盟者检测其是否能可持续发展的标尺，而修记正是凭借着一步一步地坚实努力赢得了加盟者的认可。从修记2元超市的发展和成长史中我们可以看出成功并不是一蹴而就的！

创业是许多人的梦想，但创业这个词在一般人的概念中代表着某一阶段的艰苦奋斗和以后的辉煌。我们要摒除人性中的排他性，逐步建立人与人之间的信任关系，摒除人性中贪图便利的劣根性，踏踏实实地走好人生的每一步，要知道成功不是一蹴而就的，而是一步一步地慢慢驶向的。

28. 每天都要有点进展

每一天，每一月，每一年组成一生，只有不虚度，才能没有悔恨和遗憾。在追求成功人生的过程中，质量比速度更能赢得成功和财富。

俗话说："欲速则不达。"人们往往急于追求成功，而忽略了成功背后的汗水和辛劳。

一个富豪热爱艺术，他听说有位画家画功非凡，于是前去造访，请求画家为他画一条龙。画家一口答应了，不过却请富豪一年之后再来取画。

光阴似箭，一年时间很快就过去了，富豪再度来到画家家里。画家走到画架前，裁好纸张，大笔一挥，眨眼间，一条腾飞的龙便跃然纸上，神气活现。富豪十分满意，笑得合不拢嘴，不过画家提出的报酬却令他一点儿也笑不出来了。

富豪不悦地说："你只花几秒钟就把画完成了，怎能狮子大开口，提出这样的天价呢？"

画家听后微微一笑，推开另外一间画室的门，只见画室里每个角落都堆满了纸，每张纸都画满了龙，有龙头、龙尾、龙眼睛甚至龙身上的鳞片……

画家说："你现在所看见的那条龙，是我花了一整年时间苦心练习才画出来的，用这样的价钱来换我一整年的时间和精力，不算太过分吧？"

那么，你打算用多长时间来酝酿未来的"一蹴而就"？一个人在年轻时经历磨难，如能正确视之，冲出黑暗，就是一个值得敬慕的人。

沃尔玛20世纪60年代从美国阿肯色州的本顿维尔小城崛起，经过40多年的搏杀，商店总数已达4000多家，年收入2400多亿美元，列全球500强之首。其成功的奥秘就是其开创者山姆·沃尔顿的度量。

"保证满意"，顾客永远第一，竭诚为顾客服务是沃尔玛的原则。一个果汁机出了点小毛病，营业员会立刻给顾客换一台，并告诉用户：果汁机又降价了，我们还要退给你5美元。沃尔玛的竞争对手斯特林商店开始采用金属货架代替木制货架时，沃尔玛立刻制作了更漂亮的金属货架，并成为全美第一家百分之百使用金属货架的杂货店。沃尔玛认真记录分析每一个商业数据。用通讯卫星为每一个顾客服务。沃尔玛全球4000多个店铺都装有卫星接收器。把每一个消费者在其任何一个连锁店进行的交易详细信息都记录在案，并送进企业信息动态分析系统，以便改进服务。沃尔玛的商品零售价永远比竞争对手平均低百分之三点八。沃尔玛视服务为生命，它要求员工尊重顾客，努力做到最好。任何一位职员，在顾客距自己3米以内一定要露出8颗牙齿微笑进行问候。顾客的任何要求，也必须在太阳落山前得到答复。

现实生活中，我们遇事不要急于下结论，即便有了答案也要仔细思量，站在不同的角度寻找不同答案，学会换位思维。特别是在遇到麻烦的时候，千万要学会等一等、靠一靠，很多时候，暂时的停歇更有利于化解麻烦，说不准好运也来了。

也许，你想改变现在忙碌的状态，做自己想做的事，找到生活的意义和价值。我们总是抱怨没有时间，没有机会，像是被生活压榨的奴隶，只能默默忍受和偶尔发发牢骚。但这究竟是事实还是借口？如果你想去行动，就没有什么能阻拦。一天做一件实事，不要总是得过且过，像是"熬日子"；一月做一件新事，不要总是走重复的道路，有时不妨到岔路上看一看；一年做一件大事，不要让自己的生活太过平庸，曾经那些想做而没有做的事情一件一件去完成；一生做一件有意义的事，当你感叹"转眼已百年"的时候，带着的不是遗憾，而是欣慰，不白走一遭的欣慰。每一天，每一月，每一年组成一生，只有不虚度，才能没有悔恨和遗憾，才能踏实地创造和享受。

29. 平息浮躁情绪，静心去做事

性格急躁的人要能充分认识到自己个性的弱点，发挥主观能动性，在急躁情绪将要产生时，有意识修正，进行心理上的自我放松，提醒自己"这件事根本就不值得急"。通过这种心理上的放松，使自己冲动和急躁的心情平静下来，待心情平静后，再从容不迫地投入到各项工作之中，这样，离成功便不远了。

一个同事跟我讲了他有一天倒霉的事情。他清早出门上班，刚刚走下楼，鞋带忽然断了。一个念头蹿了出来："大清早的，该不会发生什么事吧？"他边走边想，神思恍惚，走到公共汽车旁，抬脚上车，踩空了踏板，跌了一个嘴啃泥，他十分懊丧。今日不吉！这个念头萦绕在脑海里，弄得他十分紧张。到了办公室，他坐在那里仍有点迷糊，感觉到要做件什么事，却想不起来了。临近中午，头儿进来了，问他："昨天下午交代的那个文件办了吗？"他这才想起，支吾着说不出话来。头儿急了，将他臭骂了一顿。他说："一根鞋带断了，让我晦气了一整天。"

中午到食堂吃饭，一只苍蝇黑糊糊地浮在菜汤里，他顿时食欲全无，将饭都倒在了潲水桶里。下午，他饿着肚子去一家单位办那份急件，一下车，摸摸袋子，手机丢了。他心口闷得不得了，感到有股东西直往外蹿，却怎么也蹿不出来。下班回到家，看到爱人正在打电话，语气特别温柔，这时，他心里头那股东西终于蹿了上来，他走过去，啪地给爱人一巴掌，这一巴掌，点燃了家庭战争的导火线，闹得鸡飞狗跳，天翻地覆。事后他才知道，他爱人在给她妈妈打电话，并不是他猜想的那回事。

一根鞋带与一天的倒霉有什么关系？踩空踏板跟鞋带有什么关系？挨领导批评跟鞋带有什么关系？菜汤里的一只苍蝇又跟鞋带有什么关系？手机丢了，与爱人吵架了，他都看成是鞋带断了的缘故。他进而想，挨领导训了一顿，会不会留下坏印象？印象坏了，美好的前程会不会暗淡下去？与爱人吵了架，是不是埋下了仇恨的种子？他把这一天跟一生都联系起来了。

　　一根鞋带与倒霉的一天并没有必然关系，这一切不顺心的事情，与天气无关，与日子无关，甚至与盗贼与爱人都无关，有关的是什么呢？把这一切倒霉的事情串成一串的是什么呢？是心，是心情，是失控的心理。

　　刘备、关羽、张飞桃园三结义，三人情同手足，生死与共，从寄人篱下直至打下了一大片江山。可是，这一份伟业是什么时候开始呈现败象的呢？是从关羽走麦城开始的。关羽大意失了荆州，被吴国生擒斩首，此后，就有张飞被部下暗杀遇害，刘备败走白帝城，染病而逝。这一连串的"倒霉事"，是上帝的安排吗？是桃园三结义的诺言成谶吗？当然不是。张飞为关羽报仇心切，心情坏了，以鞭打部下来发泄情绪，导致被害。刘备心里乱了方寸，失去了理智，忘了大义大事，顾不得孔明等人的苦苦规劝，执意伐吴，结果导致惨败。关羽走麦城，是蜀国的一根鞋带啊！

　　一根鞋带断了，便有上车摔倒，便有工作不顺，与妻子吵架；关羽死了，张飞遇害，便有刘备驾崩。一事接着一事，一败接着一败。谁推倒了多米诺骨牌。一根鞋带让一天倒霉"，一次失败，你会让一生"倒霉"吗。鞋带断了，别放在心上，不放在心上，它也许是一张单张的臭牌，一旦放在了心灵的平台上，它就会成为首位上的一张多米诺骨牌。

　　有什么样的心态就会有什么样的人生。当一个人拥有积极心态的时候，他便会拥有一个美好的人生；当一个人拥有消极心态的时候，他只会拥有一个失败而痛苦的人生。心态的积极与消极造成了人与人之间的巨大差别，有的人非常幸福，而有的人却终生不幸。

　　急躁情绪的人常常习惯于仓促行事，不能循序渐进地稳扎稳打，使自己陷入匆忙和慌乱之中。在这种情况下，人的思想和行为会因急躁情绪的支配而发生错误，造成某些不应有的损失。

　　从表面上看，具有急躁情绪的年轻人有很强的时间观念，但实际上，他们往往会耽误和浪费时间，因为他们不善于掌握工作本身的规律性，不善于统筹安排工作，工作起来无计划、无目的、无安排，结果把本来很简单的事情弄得很复杂。至于在忙乱中把事情办错，或因不符合预期要求而不得不重头来过，这样所造成的时间与资源上的耽误和浪费，就十分明显了。

　　克服和避免急躁情绪的具体方法就是坚持过有规律的生活，并进行有秩序的时间管理，这是一种长远的策略。除了要有这种长远策略以外，还应当掌握一些更为具体的避免和克服急躁情绪的方法。

1. **修心养性**。避免和克服急躁情绪的一个有效方法，就是把自己的急躁性格磨慢、变韧。平时可以做一些需要很大的细心、耐心和韧劲才能做好的事。比如规定自己每周到郊外钓鱼，练习书法、临摹画、下棋等。针对自己的性格弱点，有意识地加以磨炼，只要持之以恒，一般都能收到良好的效果。

2. **未雨绸缪**。要避免急躁情绪的产生，不要等急躁情绪产生后，才想到克服它。做事情之前，应该首先考虑一下有无导致急躁情绪的因素，提前采取措施预防急躁情绪的产生。

3. **放慢节奏**。年轻人在处理急事、难事时，应保持头脑冷静，在时间上、速度上尽可能适当放缓，通过必要的推迟、进一步审视与打量，使事情的结局更为圆满。显然，这里要以自我评估与认识作为前提。总之，社会给我们的无形和有形压力是固定的，但我们可以选择用怎样的态度或方法去应对。

30. 每个细节都不放过

古代思想家老子曾说："天下难事，必做于易；天下大事，必做于细。"这句话精辟地道出了一个人要想成就一番事业，就必须从简单的事情做起，从细微处入手的道理。在工作中要时刻把握各种信息，因为不知道哪个信息就会成为你成功的金钥匙。

"中国想做大事的人太多，而愿把小事做完美的人太少。"一个做事不追求完美的人，是不可能成功的，而要追求完美，就必须注重细节。我们都很佩服已故总理周恩来的胆识和谋略，但他那种关照小事、成就大事的本领，更值得我们学习和借鉴。

当年，尼克松访华的时候就敏锐地发现，周恩来具有一种罕见的本领，他对琐事非常关心，但又不拘泥于琐事之中。他提到了其访华期间周恩来所做的几件令人印象深刻的"小事"。

在欢迎晚宴上，周恩来亲自为乐队挑选了晚宴上演奏的乐曲。尼克松说："我相信，他一定事先研究过我的背景情况，因为他选择的许多曲子都是我所喜欢的，包括在我的就职仪式上演奏过的《美丽的阿美利加》。"

在来访第三天晚上，客人被邀请去看乒乓球等其他体育表演。当时天已下雪，而客人预定第二天要去参观长城。周恩来得知这一情况后，离开了一会儿，通知有关部门清扫通往长城路上的积雪。

周恩来做事精细的同时，对工作人员要求严格。他最容不得"大概"、"差不多"、"可能"、"也许"这一类字眼。有次北京饭店举行涉外宴会，周恩来在宴会前了解饭菜的准备情况时问："今晚的点心什么馅？"一位工作人员随口答道："大概是三鲜馅的吧。"周恩来追问道："什么叫大概？究竟是，还是不是？客人中间如果有人对海鲜过敏，出了问题谁负责？"周恩来正是凭着这种精细的作风，赢得了人们的称赞。

海尔总裁张瑞敏先生说过一句话：把每一件简单的事情做好就是不简单，把每一件平凡的事情做好就是不平凡。汪中求先生在《细节决定成败》一书中也说: "能做大事的人很少, 不愿做小事的人极多"。现在有些年轻人眼高手低, 只想做大事, 而看不起小事。年轻人要有理想, 要有干大事的雄心, 但一定要从小事做起, 有把小事做细的韧劲。因为, 把小事做好不仅仅是一种工作态度, 而且小事中往往掩藏着成功的机会。

现代生活瞬息万变, 有许多事情我们无法预测, 人们在遇到毫无准备的事情时难免会手足无措, 有时还可能丧失机会, 甚至陷入困境。然而, 许多时候, 我们往往不是被大事击倒, 而是败在一些不起眼的小事上, 甚至小小的环节上。因为, 无论是在日常生活中, 还是在商业活动中, 人们最容易忽视的就是微乎其微的繁琐之事, 最把握不住的就是各种纷繁复杂的信息。

就个人生活而言, 人际关系就是在许多平常繁琐的小事中形成的, 而朋友或敌人大多也是在不经意之间产生的, 甚至一个人的形象也往往是在小细节中显示出来的。特别是在商业行为中, 一些细小的问题往往左右着领导们的决定。

在生活中, 由于忽视细节, 没有掌握住应该掌握的细小的信息而失败的例子有很多:

"挑战者号" 航天飞机爆炸, 宇航员命丧太空, 是由于机身上一道焊缝没有焊好;

几年前美国潜艇浮出水面时撞翻日本渔船, 船毁人亡, 原因是潜艇上的操作人员一个漫不经心的操作失误;

有人从高层住宅上随手扔下一个酒瓶, 结果将从楼下经过的行人砸死;

某家度假村没有在玻璃门上做警示标记, 结果让奔跑的小孩一头撞上, 受了重伤。

从以上的事例中我们不难看出, 无论做什么事都不能粗心大意。危机往往是一个人在不经意间积累的。在很多时候, 一个人的成败就取决于某个不为人知的细节, 或者某条不太起眼的信息。

当然, 你可以举出许多例子来反驳说, 成功人士不拘小节, 比如爱因斯坦。但是, 你不得不承认的是, 更多时候细节具有决定性的力量。电梯里和老板简短的几句聊天, 可能让他坚定提拔你的念头; 在谈判中一个错误的用语, 也许让你在最后痛失要到手的合同。完美的细节代表着永不懈怠的处世风格, 是一个人积极、实干、优秀的象征。

生活中充满了细节, 那些看起来非常偶然的信息会帮助或伤害我们, 所以，认清那些影响我们成败的信息十分重要。

麦当劳在中国开到哪里，就火到哪里。令中国餐饮界人士又是美慕，又是嫉妒，可是我们有谁看到了它前期艰苦细致的市场调研工作呢？麦当劳进驻中国前，连续5年跟踪调查市场走向，内容包括中国消费者的经济收入的情况和消费方式的特点；提前4年在中国东北和北京市郊试种马铃薯；根据中国人的身高体型确定了最佳柜台、桌椅和尺寸；从香港麦当劳空运成品到北京，进行口味试验和分析；开首家分店时，在北京选了5个地点反复论证、比较。最后，麦当劳进军中国，一炮打响，这就是每个细小信息的魅力。可以说，细小的消息组成了开启财富大门的金钥匙！

我们要重视生活当中的细小的信息，这些信息不容易被发现，也难以察觉。要想成功，我们就必须开发自己发掘这些细小信息的能力并实施，因为这些信息极有可能变成一把把的金钥匙。

31. 理解你的客户，用耐心包容一切

有一天耐心是很容易的，最难的是天天都保持耐心。

年轻人在职场和生意场上，需要多一点善意与宽容，与客户打交道时，有时候会耗费许多心力，如果多点耐心、多点包容，很可能就能与客户成为朋友，从而促成合作成功。

黄小姐到某百货商场去购买某品牌的眼部修复霜，到了那商场，导购说那一款今天卖完了，便推荐了同一品牌的另外一款眼霜，可到了家中，黄小姐仔细阅读后才知道这一款是用于改善眼角鱼尾纹的，不是自己需要的那一款。便拿到该商场要求退货，导购一听退货，脸色马上拉了下来，跟先前推销时判若两人："化妆品只要产品质量没有问题，消费者皮肤适用，是不予退货的。"黄小姐一听也火了："当初我就不想要这一款，你说这两款都一样，非要推荐给我……"导购听了黄小姐的抱怨，满脸不屑一顾，这下可把黄小姐给激怒了，要见商场部门经理严惩这个导购。

在与客户的沟通中，如果我们不去尝试着换位思考问题，始终保持着自己的想法和做事方式，就很难得到自己想要的结果。但是人往往都是自私的，只会想着自己，不会考虑别人的感受。这时候，耐心就变得十分重要。耐心是一种美德。耐心是对别人最大的支持、最好的理解和帮助。

一天，某顾客到某商场送修一台三洋牌传真机，服务台接待员接过维修单据后，例行公事地让顾客留下姓名、电话，并给顾客一联取机单，说："修好后我们会打电话的，凭这张单过来取机就可以了。"顾客又问："这传真机我急需要用，什么时候能修好啊？"这时接待员不耐烦地说："时间不能确定，我们要拿到厂家维修，修好给你打电话就可以了。"顾客一听，马上来火了："你这什么态度，修个十天半个月的，我还要不要用啊！你知不知道一天不用，我的损失有多大？你们到底有没有为顾客着想，叫你们经理来！"

这时，另一名接待员闻声过来安抚顾客："不好意思，我们进里面谈好吗？"边说边把顾客请进了里间的维修室。"对不起，刚才的事真的不好意思，

由于传真机是技术参数较高的高科技产品，我们必须送到专业技术部检测，具体时间我们现在不能答复您。不过您放心，今天送去，明天结果会出来，根据故障的大小，我们明天答复您维修所需的大致时间，行吗?"顾客一听，语气也缓和了："其实我也并不是让你马上修好，只是你给个大概的时间，我也好安排我的事。""好，您放心，我们会以最快的速度维修。明天了解情况后，一定给您去个电话。""好! 好! 好! 那麻烦你了。""不客气，您慢走!"

同样的问题，两个人不同的答案，就导致不同的命运。

没有耐心等绿灯，就闯红灯;没有耐心等公园开门，就从墙上翻过去;没有耐心绕远路，就从栅栏上翻过去……你可以不思成功，但你的生活并不会因此而轻松。你追逐成功，你会因此而生活得更好。在这些小事情上都没有耐心，怎么踏踏实实一步一步地走向成功。

要知道，时间可以成就很多东西，巴菲特开始股票投资生涯的时候还很年轻，他能够持之以恒，想清楚自己要怎么做、要坚持什么样的原则，并始终贯彻到自己的职业生涯中，这是件多难的事情!

江某是一位非常优秀的电脑推销员。有一天，一位顾客来到他的电脑直销店挑选电脑，那位顾客看了店里所有的电脑之后都不满意，准备离开。这时，江某走过去热情地对他说："先生，我可以帮助你挑选到你最满意的电脑，我是这里的推销员，我很熟悉附近的电脑直销店，我愿意陪你一起去挑选，而且还可以帮你侃价。"

这位顾客同意了江某的请求，江某带着他来到了别的电脑直销店。那位顾客把所有的电脑店都看了一遍，还是没有挑选到最满意的电脑。

最后，那位顾客对江某说："我还是决定买你的电脑。老实说，我决定买你的电脑并不是你的电脑比其他店里的要好，而是你对顾客负责的精神感动了我。到目前为止，我还没有享受过这种宾至如归的服务。"

结果，那位顾客从江某那里买了好几台电脑，而且，那位顾客还在他的朋友圈内为江某免费做广告，介绍了很多客户到江某的电脑直销店来。

一个细心，耐心的行动，从某种程度上就能打动某些人群。若能持之以恒，定能获取你想要的那份快乐，财富或成就。

第六章

走自己的『非凡路』，也要听听别人怎么说

很多人信奉"走自己的路，让别人去说吧"的至理名言，殊不知人在社会上生存，不可能也无法避免别人的影响，能够做到不为外界的言论所动固然很好，但我们在走自己的路的同时，也要听听别人怎么说。一意孤行不可取，盲从更不可取。

32. 面对争议，大胆提出自己的看法

爱默生说过："偏见常常扼杀很有希望的幼苗。"为了避免自己被"扼杀"，就要充满自信，敢于坚持走自己的路。做人要独立，要有主见，才能发现自己个性，要坚信自己的独特，才能本色生活。

卡耐基说："一个人最糟的事是不能成为自己，并且在身体与心灵中保持自我。"这就是我们所说的保持本色的重要性，无论何时何地，无论事情怎么样，都要勇于保持本色。真正的幸福没有条件也没有界限，只要你愿意把心打开，接受自己愉悦自己，就能看到世界的笑脸。每个人都有自己独特的魅力，与其抱怨自己不如人的地方，不如发掘自己的本色，快乐行走。不管有什么样的理由，不能成为自己都是最糟糕的事情。做自己，没有怀疑！

伊笛丝·阿雷德太太从小就特别腼腆、敏感。因为她实在太胖了，而且有一张特别显胖的脸，很多小朋友都不跟她一起做游戏。然而更不幸的是，她有一个很古板的母亲。她总是害怕伊笛丝把衣服撑破，于是一直对女儿说："宽衣好穿，窄衣易破。"久而久之，伊笛丝越来越孤僻，她从来不和其他的孩子一起做室外活动，甚至不上体育课。她觉得自己跟其他的人都"不一样"，是惹人讨厌的家伙。

长大之后，伊笛丝嫁给一个比她年长好几岁的男人，可是她并没有改变。她丈夫一家人都很好，也充满了自信。伊笛丝尽最大的努力要自己像他们一样，可是她办不到。他们为了使伊笛丝变得开朗而做的每一件事情，最终只是令她更退缩到自己的壳里去。伊笛丝变得紧张不安，躲开了所有的朋友，情形坏到甚至怕听到门铃响。伊笛丝知道自己是一个失败者，又怕自己的丈夫会发现这一点，所以每次他们出现在公共场合的时候，她都假装很开心，结果常常做得太过。当她事后发觉自己做得太过分了，就会为这个而难过好几天。最后，她觉得再活下去也没有什么意思了，就开始想自杀。

改变这个不快乐女人的生活的，只是婆婆随口说出的一句话。有一天，她的婆婆谈怎么教养孩子时说："不管事情怎么样，我总会要求他们保持本色。"

"保持本色"这句话，在那一刹那之间击中了伊笛丝。她终于发现，自己之所以这么痛苦，就是因为一直在模仿别人，一直在试着让自己进入一个普通大众的公认模式，而这个模式并不适合她。

从此，伊笛丝不再模仿别人，而是试着发掘自己的个性，试着去发现自己究竟是怎样的人，究竟有哪些优点和缺点，而且尽力去学服饰色彩和搭配，以期找出适合自己身材的衣服。此外，她还迈出家庭的小圈子，开始主动地结交朋友。她参加了一个社团组织，积极参与每次活动。虽然每次发言都战战兢兢，但是发言过后，她就增加了一点勇气。花了很长的一段时间，她终于可以按照自己的方式生活了。在教养孩子时，她也总是告诉他们："不管事情怎么样，总要保持本色。"

不管事情怎么样，也不管别人说什么，都要勇敢地拿出"本色"来。因为，那才是真正的你，那样才能让你内心踏实而愉悦。否则，即使取得成功，即使收获幸福，你还是不能承认那种幸福和快乐就是你应该得到的，害怕会突然间失去所有。快乐和幸福要理所当然，要坦坦荡荡，要靠自己的"本色"来获取。不能做自己，是最糟糕的事情。

1854年，惠特曼的《草叶集》问世。这本诗集热情奔放，冲破了传统格律的束缚，用新的形式表达了民主思想和对种族、民族和社会压迫的强烈抗议。它对美国和欧洲诗歌的发展起了巨大的影响。

《草叶集》的出版使远在康科德的爱默生激动不已。他给予这些诗极高的评价，称这些诗是"属于美国的诗"，"是奇妙的"、"有着无法形容的魔力"，"有可怕的眼睛和水牛的精神"。

《草叶集》受到爱默生这样很有声誉的作家的褒扬，使得一些本来把它评价得一无是处的报刊马上换了口气，温和了起来。但是惠特曼那创新的写法，不押韵的格式，新颖的思想内容，并不容易被大众所接受，他的《草叶集》并未因爱默生的赞扬而畅销。然而，惠特曼却从中增添了信心和勇气。1855年底，他出版了第二版《草叶集》，在这版中，他又加进了20首新诗。

1860年，当惠特曼决定出版第三版《草叶集》，并补进些新作时，爱默生竭力劝阻惠特曼取消其中几首刻画"性"的诗歌，他认为若不这样做，第三版将不会畅销。惠特曼却不以为然地对爱默生说："删这些后，它还会是这么好的书么？"爱默生反驳说："我没说'还'是本好书，我说删了这些，它才是本好书！"执着的惠特曼仍不肯让步，他对爱默生表示："在我灵魂深处，我的意念不服从任何的束缚，只走自己的路。《草叶集》是不会被删改的，任由它自己繁荣和枯萎吧！"他又说："世上最脏的书就是被删灭过的书，删减意味着道歉、投降……"令人意外的是，第三版《草叶集》出版后，获得了巨大的成功。不久，它便跨越了国界，传到英格兰和世界许多地方。

而生在这个经济快速发展的社会的我们，是否为了迎合上司而屈服于"上头的意思"？你是否为了保住利益的分割而违背了心度深处的净土？

听从自己的内心，保持独特的个性吧！或许你会发现，这将是另外一番风景。

33. 不要盲从，要有自己的思考和判断

在这个竞争激烈的社会里，真正的陷阱往往伪装成机会，而真正的机会看上去又让人怀疑。这个社会上充斥着的各种各样的纷繁的信息，使得我们常常处于一团混乱的迷雾中，我们在这团迷雾中不要迷失了方向，要有自己的思考和判断。

面对纷繁的信息，你一定要掌握自己的思想，一定要有自己清醒的判断。现在，一些极端思想充斥在我们日常的网络新闻评论中，真正有真知灼见的凤毛麟角。无论是人生志向取舍还是处理纷繁的信息甚至是别人的不认同，我们都要牢记，不要盲从，要知道最重要的是坚持自己的判断。

索菲娅·罗兰是意大利著名影星，自 1950 年从影以来，已拍过 60 多部影片，她的演技炉火纯青，曾获得 1961 年度奥斯卡最佳女演员奖。她 16 岁时来到罗马，要当演员，但是周围充满了各种反对的意见。用她自己的话说：就是她个子太高，臀部太宽，鼻子太长，嘴太大，下巴太小，根本不像一般的电影演员，更不像一个意大利式的演员。

制片商卡洛看中了她，带她去试镜很多次，但摄影师们都抱怨无法把她拍得美艳动人。于是卡洛对索菲娅说，如果你真想干这一行，就得把鼻子和臀部"动一动"。索菲娅断然拒绝了卡洛的要求，她说："我为什么非要长得和别人一样呢？我就喜欢我的鼻子和脸保持它的原状。至于我的臀部，那是我的一部分，我只想保持我现在的样子。"

她决心不靠外貌，而是靠自己内在的气质和精湛的演技来取胜。她没有因为别人的言论而停下奋斗的脚步。她成功了，那些有关她"鼻子长，嘴巴大，臀部宽"议论都自动消失，这些体征反倒成了美女的标准。

在 20 世纪行将结束时，索菲娅被评为这个世纪的最美丽的女性之一。她在自传中这样写道："自我开始从影起，我就出于自然的本能，知道什么样的化妆、发型、衣服和保健最适合我。我谁也不模仿，也从不去奴隶似地跟着时尚走。我只要做我自己，非我莫属……衣服的原理亦然。"

我们要用自己的知识和智慧来识破这些人世间的是是非非，面对问题时，不要盲从，要根据自身需求、能力等因素综合判断，有时，坚持自己的观点个性反而能展现出个人魅力。

乔治·唐纳是一家大型跨国公司老板，一生之中，除了做生意，他最大的爱好就是到世界各地的原始森林里探险和狩猎。这不但让他感觉到刺激，更能够在让他远离人类的丛林里找到原始的神奇与智慧。一次，乔治决定冒一次更大的险，于是他来到了广袤的非洲大陆。与往常一样，他的第一要务就是同他的向导一起，去那里的原始森林里狩猎。

经过几个昼夜的周旋，最后，一匹狼成了他的猎物。

这匹狼被他们追到一个近似于丁字型的岔道上，正前方是迎面包剿过来的向导，他也端着一把枪站在第二条路上，狼夹在中间。在这种情况下，狼本来可以选择第三条岔道逃掉，可是它没有那么做。当时乔治很不明白，为什么狼不选择岔道，而是迎着向导的枪口扑过去，准备夺路而逃，难道那条岔道比向导的枪口更危险吗？狼在夺路时被捕获，它的臀部中了弹。面对乔治的迷惑，向导说："埃托沙的狼是一种很聪明的动物，它们知道只要夺路成功，就有生的希望，而选择没有猎枪的岔道，必定死路一条，因为那条看似平坦的路上必有陷阱，这是它们在长期与猎人周旋中悟出的道理。"

乔治·唐纳听了向导的话，非常震惊。社会舆论，周遭唾沫星子的诽论，或许能让一个非常有立场的人放弃自己的原则，服从大多数人所认同的结果。而在性格、为人处世、工作能力、家庭责任等个性生活方面，应保持自己的观点。不要因为长得丑就追逐潮流要整容；不要因为丢失了客户就抛弃了良心的谴责；更不要因为狐朋狗友而改变原本的自己，走自己的路，让别人说去吧！

34. 长大了，自己的事情自己做主

　　每个人都想做自己的主人，自己的事情自己作主，但由于有些人难以承受自己作主所产生的不好后果，于是躲避在别人的意见之下。这样的人终将一无所成。而那些选择自己作主，并勇于承担后果的人，才能真正的成功。

　　每个人都有自己的理想，这与一个人的贫穷和富有无关，坚持自己的理想不仅仅意味着一个人的执着和坚韧，更意味着一个人能为自己的事情作主。

　　很多时候，自己作主的事情往往会与别人的期许发生冲突，当然，如果这件事情最终的结果是好的，会赢得别人的称赞；而一旦这件事情最终的结果是坏的，各种各样的指责就会源源不断地袭向你，把你包围得不能透气。在这种情况下，有人选择做鸵鸟，避开这些指责，甚至再也不敢为自己作主，逃避责任。这样即使最终的结果不好，也可以把责任推到别人的身上。而有人选择勇敢面对这些指责，并从这些指责中吸取更多的经验教训，这样，在下次为自己作决定时，便可以减少产生坏结果的几率。这样一来，即使结果是坏的，即使最终失败了，也可以从失败中汲取经验教训，从而走向更为成熟的人生。

　　每个人在做事时，都会面对一些挑战。要想做成事，必须形成自我致胜的个性。

　　不论出现什么情况，你所见的都是你一直期望看到的事物，处处往好的一面想，就能顺利克服失败的打击，把失败转变为成功，往往只需要一个想法，紧跟一个行动。绝不能等待，要摈弃消极思想，把握解决问题的要点。

　　2006年12月，在凤凰卫视的"鲁豫有约"里，美女主持鲁豫请李彦宏给年轻人一个"最大的忠告"。李彦宏是这样回答的："我要说的最大忠告有两条，第一条就是，要做自己喜欢做的事情，因为如果你做的事情你不喜欢的话，碰到困难你很有可能就退了，就放弃了，不去做了。第二条就是要做自己擅长做的事情。"

　　2007年9月，李彦宏到哈尔滨工业大学做演讲。面对莘莘学子，李彦宏解读自己的成功秘诀："我做的是自己喜欢的事情，我的工作就是我的生活……"

做自己喜欢的事情，这是每一个人都梦寐以求的事，但却极少有人真正在做自己喜欢做的事情。一个人之所以做着自己不喜欢做的事情，原因很多，但结果却一样：对于自己所做的事无法全身心地投入，因而无法做出最好的成绩，更不能充分发挥主观能动性和潜能。你又怎能成长呢。

一个人如果不相信自己能够做成一件从未被他人做过的事，他就永远不会做成它。不要怀疑你自己的见解，要信任你自己，这样你就能尽最大力量发挥你的创造性，如果你了解自己，你就能自我成长。

开始时，你必须对自己在未来1年、5年或10年时间内的职业状态有明确的发展和记载的目标。你的目标给你的未来指明方向。换言之，你的职业成功度是与你怎么认识和运用你的优势，价值观，激情和眼光成正比。

当你把你做什么，怎么做，与你是谁，你有什么独特之处这些方面结合在一起时，你可以毫无限制地把你的职业带到任何地方。你必须因此变得非常有自知之明，了解什么因素会促使你进行创意，自我激励，并取得成功。你做了，就成长了。

35. 有什么想法，就大胆去尝试

有了好创意，一定要去做。大脑加上双手，才是实现成功梦想的双翼。

智商情商后，"胆商"成第三大"商"。所谓"胆商"，反映的是一个人的胆量、胆略。临危不乱、力排众议、"该出手时就出手"等，都是对"胆商"的绝好解释。

著名经济学家厉以宁曾经在一篇文章中把企业家说成是"一种素质"。在他看来，真正的企业家可以从三个方面加以描述：首先是高瞻远瞩，能发现别人不容易发现的赚钱机会；其次是有胆量，要敢于做决定；第三个条件是有组织能力，就是能把各种生产要素组合在一起产生高效率的组合能力。

美国成功学家格林在演讲中，曾不止一次对听众开玩笑说，全球最大的航空速递公司——联邦快递的创意其实是他构想的。格林没有说假话，他的确曾有过这个想法。20世纪60年代，格林刚刚毕业，每天都在为如何将文件在限定时间内送往其他城市而苦恼。当时，格林曾经想到，如果有人能开办一个将重要文件在24小时之内送到任何目的地的服务，该有多好！这个想法在他脑海中停留了好几年，他也经常和人谈起，遗憾的是，他没有行动，直到一个名叫弗列德·史密斯的人真的把它变为实际行动，格林才后悔莫及。

无独有偶，同样是关于世界500强企业的故事，却有不一样的结局。

1952年，受经济危机的影响，东芝公司积压了大量电风扇。公司领导层绞尽脑汁，想出很多方法，销量却依旧不见起色。这天，一位员工走在街道上，无意中看到很多小孩子拿着五颜六色的小风车在玩，他脑海中突然闪现出一个想法：为何不把风扇的颜色改变一下呢？这样一定能吸引年轻人和小孩子，也可以让成年人觉得彩色电扇能为居室增添光彩！他立即跑回公司向经理建议，领导听后非常重视，特地召开大会，研究并采纳了这位员工的建议。

1953年夏天，东芝公司隆重推出一系列彩色电风扇，深受人们喜爱。当时市场上电风扇一律是黑色面孔，这种彩色电扇一经推出，立刻掀起了一股抢购热潮，几十万台电风扇在短时间内售空，公司也很快摆脱困境。提出建议的员工也因此获得公司 2% 的股份奖励。

下者用己之力，中者用人之力，上者用人之智。决断能力是一个成功者必备的素质之一，这种能力是与人的胆略结合在一起的。中国历史上最著名的"胆商"游戏莫过于诸葛亮上演的"空城计"。这种"大智大勇"绝非常人之所能及，实在令人钦叹。除了诸葛亮文明千古的"胆商"故事，在中华民族的历史上也不乏不平凡的"胆商"故事。

2009 年 4 月份的《中国国家地理》杂志，讲的是"福建专辑"，杂志封面上那句"福建：中国海洋文明的代表"，一下子吸引了我。

让我印象最深的，是闽商文化研究院院长苏文菁关于福建人开拓精神的描述，她说："从早年的下南洋到今天'偷渡'到北美的福建人，都不是典型意义上的穷人。今天所谓的'偷渡'到北美，需要7.5万美元作为资本。这是其他地方的人很难想象的，他们认为，7.5万美元完全可以过一种体面的生活了，何必漂洋过海去纽约打黑工呢？福建人不像其他地区的人，在生存压力大的情况下不会选择在中华大地上行乞，而是选择出海，将自己的命运、未来与海洋联系在一起。他们身上那种对现状不满的不安分是一种文化，就像当年乘着'五月花'号离开英国的美国先民们一样，相信人类有更好的生存可能。这所谓的生存可能是什么，他们也不确定。但是，他们愿意用自己的未来甚至生命来搏一把！"

如果把海洋文明理解为面对大海无所畏惧的心的话，福建人就是中国最敢闯海的人。有人说广州人是"坐商"，招天下人来广州开广交会，而福建人是"行商"，乘着季风驾着帆船下南洋。

马塞汀说："当你全盘接受现在的自己，改变则显得轻而易举，再也不必为不好的自己大加挞伐了。"如果你要等到一切客观条件齐备才决心行动的话，那么即使真的有那一天，你已经落后了多少年。只要你努力前进，事情就永远不会多，就会有收获。而选择等待，就会万事不及。因此有了好创意，一定要去做，大脑加上双手，才是实现成功梦想的双翼。

有位年轻的国王，登基后，为了治理好自己的王国，他决心学习天下的智慧。为此他征召国内的智者，命令他们把所有的智能图书搜寻来，供他阅读学习。

5 年过去了，智者们辛苦赶回来了，身后的骆驼队背着5000本智慧宝典。国王一看头都大了，这么多书如何去看啊。就命令智者们去精简浓缩。

又是 5 年过去，智者们求见，身后的骆驼队背回来 500 本书，但国王仍嫌太多，命令他们继续精简。

又是 5 年时间，智者们带回来 50 本巨著。这时的国王已被各种问题搞得更加心烦气躁，认为 50 本书依然过多了。

又过了几年时间，当智者们把辛辛苦苦浓缩成的一本书进献到国王面前时，他早已没兴趣看这本书了，也没时间去实践这些智慧了。国内已经问题丛生，国外敌人也不断入侵，自己更是百病缠身，任何智慧都解决不了他的问题了。

很多时候，一件你向往已久的事情也许并不是你所想的那样困难，而是你内在的心理在做怪。认为自己做不到，内心就会产生一种恐惧去做这件事的感觉。因此，做任何事都不要畏惧开始，开始对你而言本身就是一种改变，在愉悦接受中慢慢改变，就是善待自己和成全自己。大胆地去尝试，许多事情可能并没有自己想象的那样难。

36. 走出一条属于自己的特色路

敢于坚持自己的正确的观点，首先我们要坚持走自己的路，并且敢于做别人做不到的事情，即使你所做的事最终以失败告终，但只要坚持自己的正确的观点，终有一天你会成功的。

不要走别人走过的路，而要走没有人走过的路，并留下自己的脚印。要敢于做别人做不到的事情。创新的过程往往是一个艰辛的历程，它不仅需要清楚的目标、执着的精神，更要有承受遭人冷落、失败挫折的心理能力。比如，当你想要突破常规，做别人没做过的事的时候，你周围的人可能会认为你不正常、异想天开，因此嘲笑你、疏远你。但这些都不重要，重要的是，你在努力做他人无法做到的事情，这也是现在及未来让你感到自豪的事情，并且是你优于其他人的竞争力。

当然，创新不一定就是彻头彻尾地改变、否定以前的一切，它可能是对自己资源的一种全面整合，也可能是对自己未知潜质的一种挖掘。很多事实证明，那些成功的人，并不一定是学历最高、最"守规矩"、最勤快的人，而是那些肯动脑筋、突破常规的人。

中国电子商务教父马云说："今天很残酷，明天很残酷，后天很美好，但是大部分人都死在了明天晚上，而唯有毅力卓绝的人才能走到最后，见到光明。"

拿创业来说，从无到有地建立事业，其中的艰辛是可想而知的。事业的成功总会需要一定的经验、资本，等等。而年轻的创业者往往总会在这些方面或多或少有些欠缺。所以，为了事业的成功，就必须要付出代价，更要具备过人的毅力来承受在创业路上可能遇到的各种艰难和挫折。无论在创业的原始阶段，还是事业真正发展的阶段，这种毅力都是成功不可缺少的一种精神食粮。从来没有一帆风顺的事业。在关键时刻只要你能拥有坚强的毅力，克服并战胜艰难困苦，成功就一定会在不远的地方等着你。联想控股董事会主席柳传志，便是一个饱经风霜、千锤百炼的成功者。他曾在联想集团 2002 年的誓师大会上这样说到：

大家知道，我们从研究所出来下海，好几次都被人骗。公司刚成立一个月，20万元的股本就被人骗走了14万元；1987年公司还很小的时候，一次业务活动差点被人骗取300万元，李总在那次吓出了心脏病，我天天半夜被吓醒；1991年关于进口的海关问题，1992年的黑色风暴，还有外国企业大举进入的1993年，哪一次不是把人惊得魂飞魄散，哪一年没有几个要死要活的问题。然而正是这一次次的狂风暴雨，一次次心志的历练，这才有可能1995年的'临危不乱，举重若轻'。"

从柳传志的话中我们不难听出，任何创业者的成功都是战胜了挫折，战胜了困难艰险，战胜了创业路上的狂风暴雨才得以实现的。这些创业者具备了超人的毅力，坚持着他们的正确经营理念与方法，最终才战胜种种险阻，走向成功的舞台。

罗尔斯说："信念值多少钱？信念是不值钱的，它有时甚至是一个善意的欺骗，然而你一旦坚持下去，它就会迅速升值。"信念就是所有奇迹的萌发点，事在人为，只要多想办法，任何事情都能做到，这个世界上不存在我们办不到的事。这也是一条独特而坚定的路。

罗杰·罗尔斯是美国纽约州历史上第一位黑人州长。他出生在纽约声名狼藉的大沙头贫民窟。这里环境肮脏，充满暴力，是偷渡者和流浪汉的聚集地。在这儿出生的孩子，他们从小逃学、打架、偷窃甚至吸毒，长大后很少有人从事体面的职业。然而，罗杰·罗尔斯是个例外，他不仅考入了大学，而且成了州长。

在就职的记者招待会上，一位记者对他提问：是什么把你推向州长宝座的？面对三百多名记者，罗尔斯对自己的奋斗史只字未提，只谈到了他上小学时的校长——皮尔·保罗。

1961年，皮尔·保罗被聘为诺必塔小学的董事兼校长。当时正值美国嬉皮士流行的时代，他走进大沙头诺必塔小学的时候，发现这儿的穷孩子比"迷惘的一代"还要无所事事。他们不与老师合作，旷课、斗殴，甚至砸烂教室的黑板。皮尔·保罗想了很多办法来引导他们，可是没有一个是奏效的。后来他发现这些孩子都很迷信，于是他在上课的时候就添加了一项内容——给学生看手相。他用这个办法来鼓励学生。

当罗尔斯从窗台上跳下，伸着小手走向讲台时，皮尔·保罗说："我一看你修长的小拇指就知道，将来你是纽约州的州长。"当时，罗尔斯大吃一惊，因为长这么大，只有他奶奶让他振奋过一次，说他可以成为五吨重的小船的船长。这一次，皮尔·保罗先生竟说他可以成为纽约州的州长，实在出乎他的预料。他记下了这句话，并且相信了它。

从那天起，"纽约州州长"就像一面旗帜一样引领着这个小小的孩子前进，罗尔斯的衣服不再沾满泥土，说话时也不再夹杂污言秽语。他开始挺直腰杆走路，在以后的40多年间，他没有一天不按州长的身份要求自己。51岁那年，他终于成了州长。

我们看到别人的成功总认为是他们运气好，机会好。自己就算有许多想法，但在拿天天按照固定的路线去单位上班，趁领导不注意跑出去吃顿廉价早餐的时候，却被一点点地消磨光了。这样年复一年，日复一日地生活着，最后只好把自己的理想和抱负寄托在小孩身上。甚至还会时常对自己的孩子抱怨：父母这辈子机遇不好，没啥指望了，你可要好好努力，抓住机遇，不要让我太失望！"

这种人一生碌碌无为，并不是因为没有理想和追求，只是他的理想和追求全部都淹没在他恐惧失败的心理中。他们总是在想万一失败了怎么办，对于过程中失败的恐惧远远大于对于成功的渴望。其实在不断失败之后不断总结，坚持下去还是能真正的成功，每次失败后不断检讨自己失败的原因，校正前进的方向，才能逐步迈向成功！所以不要恐惧过程中的风雨兼程，因为它们都是你到达前方所必经的风景。失败不可怕，可怕的是没有坚持自己的梦想，没有走出有个人特色的路。我想这才是真正的失败。成功其实就是战胜自己。

37. 做事没有如果

做事情绝不能停留在"想想"或者"说说"的程度上,一定要拿出行动来,去"做做"。幻想和空谈是我们成功路上的绊脚石。在人生的道路上,我们会遇到各种各样的阻碍,这就需要我们鼓起勇气,大踏步向前走,用双脚去跨越这些石头,甚至用双手去搬开这些石头。

人的处世行为基本上可以分为以下几类:先做后想,先想后做,边想边做,只想不做,只做不想,不想不做。如果你能够清楚地分析并看出自己属于哪一类,那么你还算是个聪明人。在普通人眼中,成功就像一个神话,但事实却告诉我们:"如果一个人最终能成功,肯定是因为他有一个大胆的梦想,并且会用全部的精力去追求,去做!"口号再怎么华丽,没有行动也是空谈;想法再怎么完美,缺乏做法也是白搭。与其异想天开地做梦,不如脚踏实地地去行动。不要犹豫,大脑加上双手,给梦想插上飞翔的翅膀。

有个男孩中专毕业,独自远赴深圳打工。仅半年时间,他就升到了管理层,月薪也涨到5000元。在别人看来,他有这样的成就已经很了不起了,但他并不满足。为了圆大学梦,他放弃深圳优越的条件,毅然回到家乡,准备到学校补习参加当年的高考。由于他没有读过高中,很多学校都不愿接收他。经过一番周折,终于有所学校允许他入学。第一次月考,他考了全班倒数第二,但他依然刻苦学习;第二次月考,他升到全班第一;第三次月考,他已经是全市第一。一年后,他成为当地15年来第一个考入清华大学的学生。

大学毕业后,他进入一家报社当记者。后来,他下海经商,经过几个月的准备,写出第一份商业计划书。为了落实这份计划书,他又开始主动出击,寻找风险投资商。

此后不久,他参加了一次科技博览会。记者们都争着向那些海归名流提问,唯独一个民营企业家在台上坐"冷板凳"。当时那位民营企业家的名气不是很大,没有一个人向他提问,他觉得应该帮帮这位企业家,于是向那位企业家提了几个问题。散会后,那位企业家心存感激,主动找他聊天。他向那位企业家谈起自己的创业梦想，企业家看了他的计划书之后，决定给他投资。于是，他收到了第一笔风险投资基金……

那位企业家就是远东集团董事长蒋锡培，这个年轻人没有令他失望。年轻人叫高燃，后来创立了 mysee 直播网络媒体，如今身价已过亿。

人生最昂贵的代价之一就是：凡事等待明天。只有梦想却顾及太多，优柔寡断一切都是空谈。"明日复明日，明日何其多，我生待明日，万事成蹉跎。"明天永远都不会来，因为来的时候已经是今天。只有今天才是我们生命中最最重要的一天，只有今天才是我们生命唯一可以把握的一天，只有今天才是我们唯一可以用来超越对手，超越自己的一天。

不要把希望寄托在明天，希望永远都在今天，希望就在现在。这需要我们凡事都有自己的主见，一旦想到，就要抓紧时机立即去执行。

在法国，土豆的种植很长时间都没有得到推广。宗教信仰者不欢迎它，还给它起了个怪怪的名字——"鬼苹果"；医生们认定它对健康有害；农学家断言，种植土豆会使土壤变得贫瘠。

法国著名农学家安瑞·帕尔曼切曾在德国吃过土豆，于是他决定在自己的祖国培植它。可是，花了很长一段时间，他都未能说服任何人接受它。面对着人们根深蒂固的偏见，他一筹莫展。后来，帕尔曼切决定借助国王的权力来达到自己的目的。1787 年，他终于得到国王的许可，在一块出了名的低产田上栽培土豆。帕尔曼切发誓要让这不招人待见的"鬼苹果"走上法国人的餐桌！

他耍了个小小的花招——请求国王派出一支全副武装的卫队，每个白天都在那块地里严加看守。这异常的举动撩拨起人们强烈的偷窃欲望，每当夜幕降临，卫兵们撤走之后，人们便悄悄地摸到田里偷挖土豆，然后，再小心翼翼地将它移植到自家的菜园里。每天晚上，土豆田里都能迎来一些蹑手蹑脚的偷窃者。就这样，土豆这丑丑的小东西昂然走进了千家万户。帕尔曼切终于如愿以偿。

美国一个成功的推销员在训练初级推销员时说道：我教他们做一个只想"如何"的人，而不是一个只想"如果"的人。他指出考虑"如何"和只想"如果"之间的差异。想"如果"的人只是难过的追悔一个困难或一次挫折。他总会悔恨地对自己说：如果我没有做这或那……如果当时的环境不一样的话……如果别人不这样的不公平的对待我的话……就这样，从一个不妥当的解释或推理转到另一个，一圈又一圈的打转，终是于事无补。不幸的是，世上有不少这样的只想"如果"的失败人。

考虑"如何"的人，在麻烦或甚至于灾难降身时，并不是浪费精力去追悔过去，而总是去立刻找寻最佳的解决办法。因为他知道总会有办法的。他问自己我如何利用这次的挫折而有所创造？我如何能从这种状况中得出些好结果来？我如何能从头干起重振旗鼓？他不想"如果"，只想"如何"，这就是我们教给我们推销员的成功程序。

考虑"如何"的人会很有效率地解决问题。因为他知道在困难之中总可以找到价值。他不把时间浪费在没有帮助的"如果"上，而是会立刻去思量具有创造性的"如何"。他排除有破坏力的想法，而运用有建设效果的想法，他永不放弃，无论如何也不放弃。所以当遇到困难和问题，遭受失败和挫折以后，把注意力放在"如果"上面是解决不了任何问题的。每当这个时候最为关键的是要想到"如何"二字。即如何摆脱困境？如何从失败中奋起？如何解决自己面临的问题？当然每个人遇到的问题不同，回答"如何"的答案也不同。但回答这样的一些问题却是必须做的。

在遇到失败和挫折的时候，"如果"的设想是没有用的。"如何"的回答才能解决问题。只要多想想"如何"去做，而不是纠缠于"如果"式的怨天尤人中。主动去克服困难，那么走出失败就大有希望。

第七章

宽容大度，笑纳不平事

　　宽容大度是种美德，日常生活中我们在与人交往时，首要的是要怀有容人之心，这就要求我们在与人相处中，要大度，不要斤斤计较；学会宽容，给别人认错的机会；当别人犯了错误时，不要做得太绝，给别人留下认错的机会。不要为了小事而失去别人的信任。

38. 理性消费，幸福生活

人都是贪心的，有了房子要车子，有了车子要钞票，有了钞票要权力。物质欲望是填不满的无底洞。人如果陷入物质陷阱，就很难回头，也很难拒绝诱惑。同样，出手阔绰习惯了，就很容易养成奢侈的习惯。

有人说，奢侈品正在统治中国，这并不令人惊恐——西方的消费市场几乎已经饱和，因此市场必然会转向。那些时尚大牌，像 Prada、LV、Burberry，最初在中国一线城市布阵淘金，现在进驻二线城市的百货店或独立销售，客户群正变得复杂化、年轻化。中国的年轻一代正在急速消费西方大牌广告中的服饰，要知道，原来这些奢侈品牌在西方属于40岁左右商务人士的消遣。

一个22岁的年轻人对自己的未来生活有所设计：他大学毕业刚开始工作，喜欢看CCTV2的交换空间，喜欢大城市，因为它们包容性大，每天可以面对不同的面孔。可以坐地铁穿梭于不同地点，虽然累些，但很充实。他的关键词是地铁、宜家、星巴克、酒吧、屈臣氏，就这样简单。

另一个26岁的女孩晓娟却说，今年想要的生日礼物是：iPOD NANO、笔记本、LOMO、黑莓手机、名牌风衣、护肤品、高温瑜珈、大房子、甲壳虫跑车、自己的公司、有身价的老男人的垂青……

艰苦奋斗，勤俭节约的精神在不同时代具有不同的内涵，它并不意味着要抑制消费甚至不消费。它是一种精神，而不是一种具体的消费行为和方式，是正确消费观的本质和中心所在。当然，不能把勤俭节约、艰苦奋斗与合理消费对立起来，勤俭节约不是抑制消费，而是说不要浪费。即使家庭条件很好，也要节约花钱、爱惜财物。

随着经济的日益发展，人与人之间的差距似乎也在拉大，有些人处处与人攀比，有些人想方设法让自己比别人强。适度的攀比有利于人类社会的发展，然而过分地与人攀比则是一种病态的心理，长久下去对自身和社会都是有害而无益的。

嘉欣在某广告公司做客户代表，收入可观，由于工作的原因，嘉欣在穿衣打扮上很讲究，用的都是名牌化妆品。这样下来，每个月的日子过得很紧张，手头也没什么积蓄。嘉欣表示，每逢看到好看衣服或者同事买了名牌化妆品，自己总有一种克制不了的冲动。嘉欣说："那些东西我一看到就想立刻买回来，哪怕这个月没钱吃饭，也在所不惜。我不能穿得比别人差，那样会被人家看不起的！"

嘉欣的收入可观，自然会产生一种优越感，与人相处时容易产生自傲心理，出手的攀比心态较重。这是一种病态的心理，对自己的身心都是不利的。虽然她在物质上和面子上都得到了满足，但是却形成了消费压力。时间久了，就会使人变得紧张、焦虑。

物质欲望是填不饱的无底洞，人如果陷入物质陷阱，就很难回头，也很难拒绝诱惑。

与出手阔绰恰恰相反，一些年轻人把"节俭"的箴言奉行得过了度。无论是对自己还是对朋友，总是非常抠门，还不时想搭别人的便车，占点儿小便宜。

从前，有个人十分悭吝，人们都叫他吝啬鬼。吝啬鬼家里粮满仓、柴成垛，可他还总是装穷叫苦，占别人的便宜。

一天，吝啬鬼家里来了客人，吝啬鬼把酒肉都藏了起来，装着很为难的样子，到邻居家借了几棵菜、一小盅油，回家煮了稀饭"招待"客人。晚上，等客人走后，吝啬鬼一家才又重新做了香喷喷的饭菜，舒舒服服吃了一顿。其实吝啬鬼家的生活是很富裕的，可是他总希望着更加富裕。

一天，吝啬鬼要去祭土地神，祭神是需要献上供品的，吝啬鬼希望土地神赐给自己更多的财富，却又舍不得投入一点点供品。面对着家中的大米、白面、鱼肉、好酒，吝啬鬼犯了难。他摸了摸雪白的米饭、馒头，闻了闻香喷喷的腊肉熏鱼，碰了碰盖得严严实实的成坛的老酒，终于没舍得拿出来。

吝啬鬼狠狠心、咬咬牙，拿半碗大米到邻居家换了一碗小米饭，从当天吃剩的菜中拣了3条小鱼，又将未喝完的半瓶酒带上，自认为很慷慨地出了家门。

到了土地庙中，他摆上那些不像样子的供品，认真地祈祷说："土地爷爷，我拿了酒、鱼、米饭来供奉您老人家，请您保佑我有更多的财富吧。让我那干旱的高坡地长出茂盛的庄稼；让我那水涝的湖洼地收获上万石的粮食吧！请将我的这些财富和您的保佑传给我的子孙后代，让他们也年年丰收，永远获得多多的财富吧。"

这个吝啬鬼的要求实在是太多了，他不但希望土地神保佑他自己获得许多，还希望保佑他的后代子孙也要得到许多。可是他供奉给土地神的又有多少呢？这种只知道无止境地向别人索取，却不考虑对别人也应付出的人，会真的得到别人的赐予吗？西方也有这样一个寓言故事：

一个拥有无数钱财的吝啬鬼去牧师那儿乞求祝福。牧师让他站在窗前，让他看外面的街上问他看到了什么，他说："人。"

牧师又把一面镜子放在他面前，问他看到了什么，他说："我自己。"

窗户和镜子都是玻璃做的，但镜子上镀了一层银。单纯的玻璃让我们能看到别人，而镀上银子的玻璃都只能让我们看到自己。

出手吝啬的人，他们的眼睛常常只是被金钱所蒙蔽，只看到自己而看不到别人，这是一种自私的个性使然。这样的人能够拥有真正的幸福吗？在一般人的眼里，总认为金钱越多的人越幸福，金钱越少的人越悲哀。诚然，幸福需要物质保证，但更重要的是精神支柱。精神支柱是人的"心脏"，倘若没有它来支撑，再多的金钱也只不过是一堆纸罢了。留守住金钱并不等于留守住了幸福的源泉，只有与你在乎和在乎你的人一起分享财富，财富才能带来真正的幸福。

39. 不要为了小利而失去友谊

从长远看来，最深厚、最真挚的感情，往往不是建立在眼前利益之上，而是要经历一个长期发展的历程，渐入佳境。在与朋友相处的过程中，我们不要只注重眼前的小利，更不要为了眼前的小利而失去友谊。

上下级关系、同事关系、朋友关系、亲情关系等构成了人与人之间复杂的关系。在日常工作和生活中，我们往往会遇到各种各样的问题、矛盾和不愉快，更有甚者因为一些微小的利益而失去了同事的信任和友谊，甚而失去一些晋升的机会。

最近一段时间，辛兰非常郁闷。究其原因，就在于她在竞争部门经理一职上遭遇了滑铁卢，而且对手的能力远不如她。

按照辛兰的预计，自己升任部门经理简直就是板上钉钉的事。她是销售部的得力干将，工作业绩有目共睹，而且经常拿奖金，深得前任部门经理之心。另外，前不久部门经理高升时还曾直接向上级部门推荐过她，这既是辛兰的得意之处，也是造成她郁闷的根源。

原来，和众多公司一样，上级部门在准备任命之前，对辛兰所在的部门搞了一次民意测验，其中提到最多的就是辛兰，但是令领导失望的是，几乎所有同事都说辛兰既孤傲又自私。最终，一个工作业绩远不如辛兰，但人缘极好的同事周岚登上了部门经理的位子。

那么，辛兰为什么不受欢迎呢？这还要从她的工作业绩说起。原来，辛兰不仅工作能力非常突出，而且农村出身的她非常能吃苦，经常被评为优秀员工，数次获得精神及物质奖励。在很多公司，同事获得奖金时都有请客的惯例，辛兰所在的公司也不例外。有一次，辛兰得了一大笔奖金，一个同事吵着要她请大家到饭馆撮一顿。但是辛兰有点舍不得，她认为这是自己的劳动所得，请不请在自己，所以就推说有事，后来一拖再拖，自己也淡忘了。这样一来，不但得罪了那个提议的同事，整个部门的同事都对她有了看法。

更让大家不满的是，辛兰每次开会时都积极发言，却总是指责某某不行，而自己很棒，并把自己的功劳刻意夸大，对同事们的帮助和配合只字不提。最终，她引起了全部门的公愤。而她的竞争对手周岚却恰恰相反，虽然她业绩平平，但是人缘很好，全部门上下都是她的朋友。因此在民意测验时，很多同事都在否决辛兰的同时"推出"了周岚。

辛兰的缺点其实也没什么大不了，事实也确实像她自己说的那样——我自己的劳动所得，请不请在自己。但是因为舍不得一顿饭钱，到最后招致所有同事的公愤，以致与晋升失之交臂，这中间到底哪头轻哪头重呢？

正所谓"千里修书只为墙，让他三尺又何妨。万里长城今犹在，不见当年秦始皇"。我们要学会容忍同事、朋友、兄弟、亲人之间的过错，不要为了一点"小"利而盲目拒绝，为了一点利益兄弟反目。世间的人有千万种，每每各有特色，绝无雷同。人无完人，为了能同所有的男男女女和睦相处，我们必须允许每一个人的不完美。

不要计较的太多，就会发现值得自己伤心的人，伤感的事突然不多了。罗马不是一日建成的，朋友也不是一时交成的，快餐式的生活节奏让很多人都忽视了朋友的情谊，好多人都抱着"有事有人，无事无人"的态度，把朋友当作受伤后的拐杖，复原后就扔掉。与这样的人交朋友是可怕的，谁又会喜欢快餐的友情呢？

小石有一个高中三年的同学小谢，他们是十分要好的朋友，后来进入了同一所大学。刚开学，小谢就主动地当了班级干部。有人说：地位高了，人就会变。果然，自从小谢上任后，见到小石就会装作没看见。日子久了，他们的关系慢慢疏远了。但小谢有时也会向小石寻求帮助，出于朋友一场，小石总是尽心尽力地帮他。可事后，小谢的老毛病又犯了，事情过后就干脆不理小石。时间长了，小石有种被小谢利用的感觉，却无奈于心太软。小石的其他朋友劝他放弃这份友情，纷纷说小谢这种人不值得交。但当小石终于下决心与小谢分开时，小谢却伤心地流下泪，他说了一句让小石惊讶的话："我除了你没有一个朋友啊！"

一味地要求别人帮忙，而在别人有难时袖手旁观，必然不会得到长久的情谊。周恩来总理最大的人格魅力正是在于他懂得"滴水之恩，当涌泉相报"。正因为这样，在周总理去世时，才会出现十里长街送总理的感人场面。

周恩来同志作为人民的好总理，被人缅怀至今，不仅因为他杰出的政治谋略，也是因为他在与人交往中浓浓的人情味。长征途中周总理病重，担任民运部长兼政委的杨立三坚持亲自给周总理抬担架。长途跋涉，缺水少粮，杨立三却坚持把周总理抬出了沼泽泥潭。长征结束，杨立三却累病了。19 年过去，杨立三去世了。当时已经担任政务院总理的周恩来却坚持要亲自为杨立三抬棺送葬。1937 年的 6 月，周恩来在峡山遇险被困，当时参与保护周恩来的十几个警卫战士为了保护周恩来而牺牲。最后只剩下周恩来和另外三个同志虎口脱险。事后他们合影留念，周恩来在照片背后写上"峻山遇险，仅余四人"。直到后来周恩来去世，人们才发现，这张照片一直被他贴身珍藏在衬衣口袋里。

没有情感基础的友情是不会长久的。彼此情感的交流与互动是人际交往的关键。它起着调节人际交往的稳定性和亲密程度的作用，是人际交往行为最重要的动力和基础。人与人之间的交往应当本着感情至上的原则，奉行真诚相待、互助为本的真理，在互动之中加深交往，使心与心的距离缩小，心灵得到沟通，灵魂得以净化，这是人际交往的至高境界。

从长远看来，最深厚、最真挚的感情，往往不是建立在这种眼前利益的动因之上，而是要经历一个长期发展的历程，渐入佳境。这样建立起来的友情才最关键、最可靠。作为一个受惠者，应该懂得珍惜别人的恩惠，把恩情放在心底，不做过河拆桥的人。而作为给予方更应该从长远的角度去看待自己的施恩，天下没有"一次性"的恩情。不要目光狭窄地紧盯着自己一次的施恩，这样反而会让恩情变成交易。相信朋友不是一天就可以交成的，从长远的角度，点滴积累自己的善行，你终会成为人情的富翁。

40. 大度点，不要斤斤计较

做人应该有宽广的胸怀，凡事不要和别人计较，这样不仅可以让自己过得快乐，也可以给别人带来快乐。

在工作中并不是多做事或多帮别人干点儿活就是吃亏。如果领导让你加加班、赶赶任务，别以为自己吃了大亏，反而应该感到庆幸，因为领导只叫了你，而没叫其他人，说明他信任你、赏识你。

卡洛·道尼斯是世界知名的投资顾问专家，他最初为杜兰特工作时，职务很低，但现在已成为了杜兰特先生的左膀右臂，担任其下属一家公司的总裁。他之所以能快速升迁，秘密就在于"每天多干一点儿"。

"在为杜兰特先生工作之初，我就注意到，每天下班后，所有的人都回家了，杜兰特先生仍然会留在办公室里继续工作到很晚，因此，我决定下班后也留在办公室里。是的，的确没有人要求我这样做，但我认为自己应该留下来，在杜兰特先生需要时为他提供一些帮助。工作时杜兰特先生经常找文件、打印材料，最初这些工作都是他亲自来做。很快，他就发现我随时在等待他召唤，并逐渐养成了招呼我的习惯……"

道尼斯自动留在办公室，使杜兰特先生随时可以看到他，并且诚心诚意为他服务。这样做获得了报酬吗？没有。但是他获得了更多的机会，赢得老板的关注，最终获得了晋升。

凡事不要计较太多，你就会过得很快乐。有些事情不应该发生却已经发生了，谁也不能改变这个事实的时候，我们就没必要再去计较，接受这个现实，试着学会去遗忘、去放弃，那样你会觉得你的每天都会过得很轻松！

阿汤新房装修工作进入尾声的那天下午，随着油漆师傅的一声"全部都好了"，阿汤也怀着高兴的心情来到他将要入住的新房。当他从楼上走到楼下，突然间发现厨房水槽下的那个旧水泵，锈迹斑驳的样子，在经过粉刷后的墙面的衬托下，显得异常刺眼。

阿汤不好意思请师傅去处理那个不属于他工作范围的旧水泵，便跟母亲建议向师傅借一些油漆，自己动手将水泵外壳涂上漆，让两者之间的差距小一些。好心的师傅一听到要借油漆，便又从家中赶过来，表示可以帮阿汤处理。

当师傅打算动手时，阿汤和母亲闲聊起来："这个水泵是做什么用的？""没有用，早就坏了！""啊？那有插电吗？""没有，线路都拔掉了！""那为什么要漆，干脆整个拔掉？"现场一阵默然，大家面面相觑。

"对啊，为什么不拔掉呢？那不要漆啦，你借我螺丝刀，我帮你们拔掉！"

没过多久，油漆师傅就处理好了放在那好几年的旧水泵。

阿汤突然顿悟，人的心灵不也是这样吗？

在我们的灵魂深处，也许就有这样一个水泵存在着。有时候，它是我们年少时候错爱的一个人；有时候，它是我们曾经遭遇过的挫折与伤害；有时候，它是我们习以为常的偏见与固执。试问一下，在我们的内心到底有多少东西明明没有用处，却没有挪移啊，拥有一颗宽容待人之心，就可以把灵魂深处的这些水泵去掉。

我们面对的压力已经足够多，不如拿出足够的激情去努力工作，提高自身竞争力和价值，大度地放下"小人"的斤斤计较。

41. 抬头不见低头见，化敌为友很重要

很多人无法用理智的眼光看待自己的对手。在荣誉面前，只是看到自己的利益，仿佛眼睛里进了沙子，容不得对手的成功。常出现"既生瑜，何生亮"的感慨。孰不知：有了对手，才会有危机感，才会有竞争力。而对于敌人的最好的办法就是化敌为友。

孟子说："人则无法家弼士，出则无敌国外患者，国恒亡。而后知生于忧患而死于安乐也。"奥大利作家卡夫卡说："真正的对手会灌输给你最大的勇气。"这些都说明了一个简单的道理：人需朋友，也需要对手。朋友可以从感情上带来最好的鼓励，对手则可以从理智上带来最深的刺激。善用对手的刺激，可以激发人的潜能，从而获得成功。对于敌人最好的方法不是打败他，而是友好地站到敌人的身边去，把他变成自己的朋友，促进自己的进步，从而实现双赢。

年轻时，默默无闻的约翰在一次小型演出中认识了15岁的保罗·麦卡特尼，演出结束后保罗批评约翰唱得不对，吉他弹得也不好。约翰很不服气，于是保罗用左手弹了一段漂亮的吉他，向约翰展示了他的才华，这令约翰很震惊。与其让这小子成为自己将来的敌人，还不如现在就邀请他入团。就在这一天，20世纪最成功的音乐组合——beatles产生了。约翰·列农是聪明而有远见的：在敌人成为敌人之前，快步上前站到他的身边，把他变成自己的朋友。

有时，外在的威胁是虚幻的，他们只是我们自己内心深处恐惧的反应和表现。在我们的内心也同样生活着野狼，我们除了去杀戮，还可以选择倾听和驯服，把我们心中的野狼变成一个伙伴。这是一个比争斗更加光明的选择，它获得的是双方的和谐与友爱。但是，很多人无法用理智的眼光看待自己的对手。有了对手，你便不得不奋发图强，不得不革故鼎新，不得不锐意进取，否则，就只有等着被吞并、被替代、被淘汰。

一个国王召集卫队里的最优秀的武士去对付一群袭击国民牲畜的野狼。前几名武士回来了，他们在消灭了一部分狼后受了重伤，射杀了狼的首领吓走了

狼群。而最后一位武士，带回来了一只安静的狼。原来他花时间观察后发现，与其说野狼凶残不如说他们很饥饿，那个冬天很寒冷，狼的食物变得极其稀少。于是武士每天给野狼带去一些食物，逐渐把它们引离国土，把它们引到一个山谷里。那里气候相对温暖，食物也相对多些，还有一条供给饮水的河。而这只野狼因为武士的帮助，成了武士的朋友。他们已经是朋友，彼此友好。武士决定今后仔细照顾它，而不是试图用武力去强迫它，征服它。

一种动物如果没有对手，就会变得死气沉沉。同样，一个人如果没有对手，那他就会甘于平庸，养成惰性，最终庸碌无为。从某种意义上来说，生命就是在赛跑，你跑得快，别人跑得更快！有时候，将我们送上领奖台的，不是我们的朋友，而是我们的对手。如果说挫折是汹涌的波涛，那么对手就是一面昂扬的帆。它骄傲地屹立在风雨间，激励着你通向成功的彼岸。如果说荣誉是一把得意的火，那么对手就是一瓢无情的冷水，时刻泼醒你骄傲的心。如果说困难是一把坚硬的锁，那么对手就是一把金钥匙，帮你开启成功的大门。有了对手，才有了奋斗的乐趣，才能将心中的痛转化为战胜困难的勇气。

每天，当太阳升起来的时候，非洲大草原上的动物就奔跑起来。狮子妈妈对自己的孩子说："孩子，你必须跑得再快一点，你要是跑不过最慢的羚羊，你就会活活地饿死。"

在另外一个场地上，羚羊妈妈也在教育自己的孩子："孩子，你必须跑得再快一点，如果你不能跑得比最快的狮子还要快，那你就肯定会被它们吃掉。"

于是，几乎同时，羚羊和狮子一跃而起，迎着朝阳跑去。

有时候，表面上看来，你从对手身上得到的学习机会，没有那么直接、明显。然而，仅仅是承受他带给你的压力，就是很宝贵的财富，对你的成长起到很大的帮助。不要随便把对手视为敌人或仇人，加入太多情绪化的东西，只有这样，我们才可以冷静地观察对方，客观地审视自己；也唯有这样，我们才能从交手的过程中学到东西。

只有一个人的比赛是孤独的，拥有一个强劲的对手，反倒是一种福分、一种造化。所以，好好珍惜对手吧，谢谢他在人生的旅途中的陪伴，谢谢他一直激励着你勇往直前。你会发现：两个人的精彩才能创造出更多的奇迹。

42. 收起狭隘的心，包容一切

在我们的身边有多少错误值得耿耿于怀，有多少错误需要念念不忘，有多少委屈使自己喋喋不休，有多少荣耀使自己永远津津乐道，又有多少真情让我们恋恋不舍。倘若，我们保持一颗狭隘之心，那么我们会被耿耿于怀的错误和委屈所包围，也会被已拥有的荣誉和真情所压垮。

20几岁的年轻人从环境和谐的学校一下子进入竞争激烈的社会，总会碰到许许多多让人心烦、让人不愉快的事情。既然事情已经发生，无法挽回，为何不放开心去坦然接受呢？

生活中并不总是充满鲜花和微笑，任何人都会有不如意、不顺心的时候，当你在交际中与他人发生矛盾，受到他人侮辱或侵犯时，愤怒将会变成一匹脱缰的野马，使你的人际关系毁于一旦。忍常人不能忍之事，吃常人不能吃之苦，必能做常人不能为之事，因为忍中蕴涵着无限的力量。

唐人张公曾有一首小诗："刘伶败了名，只为酒不忍；陈灵灭了国，只为色不忍；石崇破了家，只为财不忍；项羽送了命，只为气不忍。如今犯罪人，都是不知忍；古来创业人，谁个不是忍。"

此诗不长，却道出了一条颇有价值的人生哲理，这就是：善忍者方成大事。正如孔子所说："小不忍则乱大谋。"元代著名学者许名奎也说："忍一时风平浪静，退一步海阔天空。"人们熟悉韩信的"胯下之辱"和张良的"圯上拾履"的故事，就是"忍"的典范。这千古流传的故事形象地注释了忍耐的重要性。忍耐可说是交际修养中的重要原则。

有一天，张良在桥上游玩，有个老头走过来，故意把自己的鞋子扔到桥下去，对张良说："把鞋子捡上来。"张良大吃一惊，想要拒绝他。但那老头看起来年纪很大，于是张良强忍着怒气把鞋子拿上来，交给了老头。老头穿上鞋，说："孺子可教。五天后的早晨跟我在这儿见面。"五天后，张良来到桥头，老头已先到，他看见张良很生气地说："你来迟了，为什么？五天后再见。"五天后鸡啼时张良去了，老头又先到，愤怒地说："为什么又迟到了？

你五天后再来吧。"又过了五天，张良半夜就赶去了。过了好一会儿老头才来，他高兴地说："应当这样。"于是拿出一本书交给张良，说："你读了这本书。就能做大王的军师。"说完就消失不见了。天亮时，张良打开书一看，是《太公兵法》。张良刻苦攻读这本书，后来，他辅佐刘邦取得了天下，刘邦说："在帷幄之中谋划，在千里之外打胜仗，我比不上张良。"

张良容忍了老头的蛮横要求，为素不相识的他到桥下拾鞋。正是这"忍"，老头认为张良"孺子可教"。最终把一本兵法书交给了他，可以说张良的忍耐使他成就了事业。

当然，并不是说一切事情都要忍，对于不可忍的问题，要用"忍"的办法来处理，在冷静的心情下谋划。这叫"大义之忍"。

如果从更深刻的哲学意义上看，我们不难发现"忍"的深层含义。中国人所谓的"忍"，乃是一种识大局、顾大体的崇高思想境界，是一种为了远大目标而自我克制的坚定与坚韧。提倡"忍"并能身体力行，意味着一种成熟，一种深刻。

英雄何必气短，善始善终，方能不败。忍能成大事，忍是大智、大勇，更是大福。忍小人忍豪强，忍天下难忍之事，不能忍之人，难成常人难成之事。

人生其实就是一个奋斗的历程，其实就是通过不懈地努力让生命更加圆满而已。然而，我们也并不是什么事情都一定要争取到手，相反我们要有随时准备放弃的心理。放弃那些于我们的人生无益的东西，然后再继续前进。

把吃亏当作福，是一种豁达的心情。这看起来似乎有点自我安慰的意思，可实际上，这句话却包涵着包容大度的处世大智慧。

如果我们永远都只是固守着已经获得的功名利禄，永远都只是为了进一步的权钱职位、风头利益而勾心斗角，那么不管什么样的生活方式都会让我们气喘吁吁，太多的时间和精力也在不知不觉中被耗费了。这样，不仅自己的正常发展受到了限制，甚至有可能还会迷失自己的方向。

人生就是一个不断选择与放弃的过程。当我们放下了自己应该放下的东西时，人生包袱就会倾刻间变轻，自己就可以轻松愉快地走自己的路，人生的旅行也会更加快乐的，这样，才可以登得高看得远！幸福不是获得的多，而是因为计较的少！

43. 吃亏是门艺术

并非所有的小便宜都值得庆幸，并非所有的幸运都值得高兴，同样，并非所有的吃亏都令人难以忍受。一个不愿吃亏的人，会在斤斤计较中损失更多的资本，得小利而失大利。不懂吃亏，就不能完美地领悟人生；不懂吃亏，就不会有事业上的壮丽辉煌。

有这样一个脑筋急转弯：你最不想吃但却经常吃到的是什么？答案是"吃亏"。几乎在所有人的意识里，亏是吃不得的。想占便宜拿点儿好处，这是人性。聪明人不只你一个，当每个人都想占点便宜的时候，最后谁能够真正的胜利呢？

很多时候，幸福与灾祸就像一对孪生兄弟，时时出现在我们的生活当中。我国的古人就已发现了他们的辩证关系。"塞翁失马，焉知非福"就是最好的例证，它是老子的《道德经》所宣扬的一种辩证思想。正是这种哲学的辩证关系让我们明白，即使是"吃亏"，也可能给我们带来意想不到的好处。

人一定要摆正眼前利益和长远利益的关系，分得清谁轻谁重。千万别为了一时的痛快，而赔上长远的利益。真正聪明的人是宁愿舍弃一点眼前的利益，而换来人生的最终胜利。在我们追求梦想的道路上，在我们与人相处的时候，请一定要牢记：吃亏就是一种福气！

有位面摊老板总会在客人的阳春面里主动加一块肉，使得这个客人觉得到他那里吃面，比到别处吃划得来。而且这还会让顾客认为自己受到了尊重，于是顾客们自然而然的就成了老主顾。这位老板多花了一块肉的成本，可是，买到了客人的忠诚度。

许多大学生抱怨自己平时"吃的是杂粮，干的是杂活，做的是杂人。"其实一个新手刚到一家公司，老板通常不会也不敢将重要的工作项目交付给新人来完成。那么，如何让老板对你的工作能力产生信心？据有经验的"过来人"介绍说："这完全体现在刚开始工作的那些所谓杂活里。虽然那都是些不起眼或者不重要的工作，但努力完成它，其实就是在给你自己加分。"如此看来，老板一开始安排的工作的确是"小儿科"，但作为大学生，吃这点亏，也是将来"享福"的基础。

在工作中，活干得比别人多，你觉得吃亏；钱拿得比别人少，你觉得吃亏；经常加班加点，你觉得吃亏……其实，没必要这样计较，吃亏不是灾难，不是失败，吃亏也是一种生活哲学。现在吃点儿小亏，为成功铺就道路，也许在未来的某个时刻，你的"福"突然就来了。

有一个年轻人大学刚毕业就进入出版社做编辑，他的文笔很好，但更可贵的是他的工作态度。

那时出版社正在进行一大套书的编辑工作，每个人都很忙，但老板并没有增加人手的打算，于是编辑部的人也被派到发行部、业务部帮忙。但整个编辑部，只有那个年轻人高高兴兴地接受老板的指派，其他的职工都是去了一二次就抗议了。

他要帮忙包书、送书，像个苦力工一样，后来他又去业务部，参与直销的工作，此外，连取稿、跑印刷厂、邮寄……只要开口要求，他都乐意帮忙！"反正吃亏就是占便宜嘛！"他这么说。

两年过后，他自己成立了一家出版社，做得还不错。原来，他在"吃亏"的时候，把出版社的编辑、发行、直销等工作都摸熟了。而且即使到了现在，他仍然抱着这样的态度做事，对作者，他用"吃亏"来换取作者的信任，对员工，他用"吃亏"来换取他们的忠诚，对印刷厂，他用"吃亏"来换取书的品质……

初涉职场，大学生从"学校人"变成"职业人"，他们需要逐步提炼自己的职业含金量和竞争优势，所以要看淡些因陌生而吃的"亏"，如果能化被动为主动，转"亏"为"福"，那工作与成长的意义就真正体现出来了。

每个人工作中都会有不顺心的时候，但如果选择在这个时候尽量忍让，不惹事端，多考虑到同事的感受，多感谢他们平时对自己的帮助，就会有助于以后工作的发展。

人活一世，从生到死，是一个由白变黑的过程。一个人要想变得老谋深算、成熟强悍，也要经过从白到黑、从软到硬的阶段。要完成这一人生的修炼，首先必须忍耐，必须学会吃亏。

人所做的每一个决定，主要是依据权衡得失的结果，然而很多人往往见便宜就想占，生怕自己吃一丁点亏，这样一来使自己的路越来越窄，也很难前进。

从客观的角度说，一个人只要愿意吃小亏，敢于吃小亏，不去事事占便宜、讨好处，日后必有大便宜可得，也必成正果。换言之，要想占大便宜，则必须能够吃小亏，敢于吃小亏。那种事事处处要占便宜、不愿吃亏的人，到头来反而会吃大亏。我们不能想当然地把出重拳、占大便宜看成一种狭隘的整治别人、复仇打击。我们不可能事事争强，处处占上风，所以我们可以主动地吃上几个轻拳，而把出重拳的主动权抓在自己手里。这种放弃、让步、吃小亏，往往不一定是为了达到某一个更高的目标，而常常是出于另一种原因，一种预测到，也了解到自己不可能获得自己所有应该获得的机会和利益的明智。既然如此，我们又何必煞费苦心去争、去比、去要呢？我们反正是要失去一些的，那么，把这种必然性的东西驾驭在自己的主动权之下，岂不是更好吗？这本身就已经是占了大便宜。不懂得这样做的人，表面上看，可能争到了他碰到的各种机会，但实际上他由于完全陷入已有的机会中，则不能不失去后来的各种机会的选择。相反，能吃小亏的人则始终把这种主动权操在自己手中。

44. 学会宽容，给别人认错的机会

人情反复，世路崎岖。行去不远，需知退一步之法，行去得远，务加让三分之功。这句话就是告诉我们，人世间的人情冷暖是变化无常的，人生的道路也是崎岖不平的。因此，当你遇到不顺心的事情时，必须明白退一步方为良策，抱有宽容之心，给别人认错的机会。

人非圣贤，孰能无过。每个人都有犯错的时候，当你身边的人出现错误时，或是损害到你的利益时，发再大的脾气也无济于事，只会使你们关系恶化。真正有心计的人也是有度量的人，他懂得以宽容之心对待犯错的人，让对方更加感激自己。

曾经在一个年迈富人家做过钟点工的丽萨讲过这样一个故事：

我和其他钟点工有所不同，每天除了打扫卫生之外，花半个小时"陪读"也是我的工作内容之一。一次我把花瓶与笔筒的位置弄反了，主人大发雷霆，骂我是笨蛋……

我忍了近十分钟的恶骂，因为我同情他，他除了骂人的舌头外，已经别无利器了。等到他要我读一段故事给他听时，我给他讲了来自南洋的见闻——所罗门岛上的一些土著，如果发现树木长得过大，连斧头都砍不了时，他们就会对着树木集体叫喊，直到树木倒下为止……

刀棍、石头可以打断我们的骨头，但尖酸、刻薄、粗鲁的言语，却会刺伤我们的心。年迈的老人听完我讲的故事，不说话了，沉默了良久。后来当我把咖啡送到他面前，准备为他加糖的时候，他第一次慈祥地抬起头来，说："不，你已经为我加过糖了。"

若朋友没有满足自己的需求，或是做什么对不起自己的事情时，你的怀恨在心只会让自己心理和身体都受到伤害，甚至让自己失去一个得力助手。若是换个角度想想，退一步还能为自己赢来一个忠心的朋友，甚至为自己的事业赢来另一个新转机，何乐而不为呢。度量在职场中也很重要，尤其是领导对自己的下属，要拥有宽容的心，才能让下属更忠心地为其工作。发脾气只能让人

心存怨恨，而原谅一个人有时候可以使其再生，对其心灵造成了极大的震撼。这也是人情学上的至高哲学。

　　学会宽容就是要善待自己、善待别人。学会宽容就是要相互理解、相互信任。人在生活中，不可能不犯错误，关键是，我们面对别人犯的错误要给予宽容。生活中别人在不经意间做出了伤害你的事之后，你要冷静对待，慎重处理。切不可一时感情用事，又做对不起他人的事。小肚鸡肠，斤斤计较产生不出友谊。同事们在一起工作避免不了产生一些摩擦，绝不能对同事的错误不依不饶。如果只是小事一桩，或者在容忍范围之内的错误，那就得饶人处且饶人吧。想想大家以后还要做朋友，做不成朋友也没必要做仇人啊。

　　也许你每天都会接触陌生的人，记住，不管别人对他的评价如何，你千万不要带任何的偏见去待他，你可以假设他是友善的，这样他才可能成为你的朋友。在和别人发生口角的时候，应该主动和别人打招呼，学会发掘他人身上的闪光点并学会包容他的缺点，这样心态就能放平衡，处事会更积极。

　　如果我们都能做到宽容，这世界就会更加美好！好心情多半都来源于宽容的心。大度是一种美德。当你对他人多一点宽容；多一点大度；多一点容忍；多一点体贴；多一点谅解时，你自己也会少一些忧愁；少一些烦恼；少一些郁闷；少一些闷闷不乐；少一些不快；大度使人降低了耗气伤神的砝码，增加了健康快乐的基数，言外之意，善待他人益于己，即便是你不唱高调；也不说空话大话；全权只当是为你个人的长远利益着想，宽容大度一点儿没错！

　　宽容本身也是一种沟通、一种美德。假如生活中，我们受到了不公正待遇或自己身边的人做错了什么，千万不要生气愤怒，而应学会宽容。生气愤怒是人类最坏的毛病之一，它是在用别人的过错惩罚自己，是一种徒劳的、于己于人无益的活动。

　　有一个年轻人，好不容易获得一份销售工作，勤勤恳恳干了大半年，非但毫无起色，反而在几个大项目上接连失败。而他的同事，个个都干出了成绩。他实在忍受不了这种痛苦，在总经理办公室，他惭愧地说，可能自己不适合这份工作。

　　老总沉默了一会儿，平静地说："就这样走了，以失败者的身份离开？你真的甘心？"年轻人沉默不语。"安心工作吧，我会给你足够的时间，直到你成功为止。到那时，你再要走我不留你。"老总的宽容让年轻人很感动。

　　过了一年，年轻人又走进了老总的办公室。不过，这一次他是轻松的，他已经连续七个月在公司销售排行榜中高居榜首，成了当之无愧的业务骨干。他想知道，当初，老总为什么会将一个败军之将继续留用呢？"因为，我比你更不甘心。"老总的回答完全出乎年轻人的预料。

年轻人大惑不解，老总解释道："记得当初招聘时，公司收下100多份应聘材料，我面试了20多人，最后却只录用了你一个。如果接受你的辞职，我无疑是非常失败的。我深信，既然你能在应聘时得到我的认可，也一定有能力在工作中得到客户的认可，你缺少的只是机会和时间。与其说我对你仍有信心，倒不如说我对自己仍有信心——我相信我没有用错人。"

从老总那里，年轻人懂得了只要给别人以宽容，给自己以信心，会收获也许就一个全新的局面。

这就是宽容的力量。宽容是人和人之间必不可少的润滑剂。它和诚实、勤奋、乐观等价值指标一样，是衡量一个人气质涵养、道德水准的尺度。宽容别人是对对方的一种尊重、一种接受、一种爱心，有时候，宽容更是一种力量。

在竞争激烈的现代社会，人们之间有磕碰是在所难免的，我们在社会交往中，吃亏、被误解、受委屈一类的事也经常发生。作为个人来说，没有人愿意这样的事情发生在自己身上，但一旦发生了，最明智的选择就是宽容。宽容不仅仅包含着理解和原谅，更显示出气度和胸襟。你宽容的是别人，带给自己的却是快乐。有时候，你的宽容能改变别人的一生。

45. 做事不要太绝，要手下留情

人与人之间的相处，难免有摩擦和矛盾，很多人在自已占有有利的地位时，对于和自己有摩擦甚至是无摩擦的人，都会实施打击到底的政策，并断绝他人日后反击自己的机会。孰不知，人与人之间的相处需要宽容来作为润滑剂，凡事不可做得太绝，即使是对与自己有摩擦的人也要抱有宽容之心，手下留情。

每个人都会存在这样或那样的缺点，即便你圆滑无比，也总有人不喜欢你，这就是人性的微妙。我们在与人相处的时候，往往看不到别人的优点，或者说很少看到别人的优点，而一个人缺点的存在，却会让我们感到更多不快。所以，我们如果想与别人友好相处，就应该尽量宽容别人的一些缺点，不要心存怨恨，如果有机会的话，你以一种别人能接受的方式，告诉别人，希望他能够改掉这些缺点。当然，给别人指出缺点是一门做人艺术，也是一门交流、沟通的艺术，做好了会让别人愉快的接受，做不好反而会影响到两人之间的关系。要做到对别人的缺点完全的宽容和完全的不怨恨，这是比较难的。那么，我们在现实生活中就要尽量地宽容，尽量不怨恨，这样我们在别人犯了错误的时候，就会手下留情，不至于把事情做得太绝，给别人也给自己留下了退守的空间。

宋代韩琦任定武帅，夜里写信时，让一名士兵在一旁端着蜡烛。士兵不小心烧了韩琦的胡子，韩琦用袖子扑灭了，然后像没事了一样继续写信。不一会看那士兵，已经换了人。韩琦担心长官会鞭打那士兵，急忙叫道："不要换人！我让他剔灯，所以才烧了胡子。信没有烧着，有什么过错？"

有一次，韩琦花100两银子买了一只玉杯，很是珍爱。手下一名官员却不小心把它掉在地上打破了。在座的客人都惊呆了，那名官员也跪在地上等着挨罚，韩琦却笑着说："有些东西命中注定是要碎的，你并不是故意的，有什么罪过？"

胡子已经烧了，杯子已经碎了，发脾气又有什么用？韩琦度量过人，把事情看开了，所以遇事胸怀坦荡，令人敬佩。

　　要想做事不至于做得太绝，对别人手下留情，首先需要具有宽容这种美德。要真正能够去宽容别人，最重要的方法就是学会换位思考，以一颗平常心去面对，即使心中有再大的怨气也会消除。古人云：君子坦荡荡，小人常戚戚。懂得退一步海阔天空的道理，人自然也就开朗乐观了。大海正因为它极谦逊地接纳了所有的江河，才有了天下最壮观的辽阔与豪迈！像海一般宽容吧！那不是无奈，那是力量！既然如此，何不宽容——即便是与对手争锋时。宽容就是忘却。人人都有痛苦，都有伤疤，动辄去揭，便添新创，旧痕新伤难愈合。忘记昨日的是非，忘记别人先前对自己的指责和谩骂，时间是良好的止痛剂。学会忘却，生活才有阳光，才有欢乐。

第八章

驾驭自己的思想与情感，别让冲动的恶魔摆布你

冲动是每个年轻人都会犯的错误，常常会造成无法弥补的损失。因此我们要学会控制自己的情绪，使自己的行为接受理智的指挥，遇事三思而后行，用理智管好自己的脾气。遇事时，我们首先要冷静下来，而与人冷静的交流，千万不要让自己，一时的冲动伤了自己也伤了别人。

46. 冲动时刻"冷处理"

许多人在突发事件发生后，仓促应对，造成了各种错误。事后，冷静下来认真分析，后悔不已。如果事前能够冷静处理，情况就会完全不同。当然，能这样做是不容易的，需要我们经常提醒自己。

经过测试，人的怒气是可以得到控制的。遇到不愉快的事情时候，好好地放松一下，做深呼吸或肌肉放松运动，心情会变得更好。在你生气或完全失去理智时，千万不要做出任何决定。对物不对人，对事不对人，也是息怒之道。有些人在自己要发脾气时，赶紧离开这个"典型环境"，想一想生活中美好的东西；或者把自己关起来，闭目养神，在寂静中灭掉怒气之火；或者拼命工作、活动，转移注意力；或者伏案疾书，让愤怒化作诗文……

民族英雄林则徐，脾气暴躁，有几次差点因为发脾气误了大事。他奉命到虎门禁烟期间，为了不因怒气误事，特意在自己的居室和办公场所贴上"制怒"的条幅。每当要发脾气时，一看到这两个大字，便如同听到了无声的命令，也就慢慢心平气和、三思而行了。

心理学研究表明，即使是非常小的挫败，如果积累到了一定程度，也会造成强烈的攻击行为。想达到某一个目的，或有某种需求时，一旦失败，就有可能产生挫败感。一个偶然的火苗很可能让你整个人燃烧。如果在工作学习中不慎成为了被攻击对象，请一定要保持冷静，必须明确自己是有理由被善待的，不需要模仿攻击者去形成另一个攻击怪圈。

在平时工作中，遇到忙乱的时候，自己的言语和做事会造成一些错误的后果。事情本身不复杂，但是由于自己心理承受能力差，所以不能很好地处理问题。这关键还是自己的心态问题，要遇事不慌，在冷静的状态下处理事情，这样就会让事情有个好的结果。在遇到忙乱的时候冷静地去处理问题是至关重要的。所以，我们在以后的工作中要学会调节自己的心态，心理因素是十分重要的。

控制自己，首先要控制自己的情绪。在情绪复杂，激动的时候，可以装出一个笑脸，来分散自己激动的情绪而达到控制自己情绪的目的。每个人的心理状况都不能每时每刻保持理性和清晰，每个人的社会经验和学识的局限都会产生对问题看法的偏差。在遇到棘手的事情时，和朋友谈心，可以保持理智。一个人的想法很容易钻牛角尖，走进死胡同。有朋友的忠言劝告，往往可以解开思想里的疙瘩。而没有知心朋友，或者听不进朋友的劝告，吃亏的人一定是自己。

反过来，朋友遇到突发事件，应该先让他冷静下来，帮助他进行理智的分析，妥当处理。千万不可讲义气，火上浇油，把朋友推上绝路。那是帮倒忙，甚至有时还会把自己也赔进去。

冷静，才会有理智。理智，才能合理应变。对于灾难，应变时要有三原则：一是与人为善，成人之美；二是自强不自私，利己也利人；三是两利取大，两害取小。一句话，遇事要沉着应变，头脑不要发热，一时冲动只会把事情办糟。

47. 行为要接受理智的"指挥"

理智就是一个人认识、理解、思考和决断的能力，或辨别是非、利害关系以及控制自己行为的能力。在古希腊哲学家阿那克萨戈拉哲学中，理智又被译为努斯，努斯是永恒的无限的无形的独立自主的知晓一切并支配一切的代表。

成年人为人处事，都是要有些理智和思考的。不能想怎么样就怎么样，爱怎么做就怎么做。没有理智，不能成熟思考的人，做什么事情都只会按照自己意愿想法随心所欲。理智的人们，无论是在职场，还是日常生活中，都会将必须要完成的工作或是生活中的大事小事深思熟虑，进行理性的思考、规划后，才会抱着一种积极理智的心态去完成任务。理智的人会有一种成熟理念和思维方式，而理智这两个字，应用的范围很广。无论是在哪个场合，哪种环境，都需要人们进行有理智的思量和思考。然后，才能进行有理、有节、健康的交流和沟通。

有报道说某饮料砒霜超标，超市没有盲目下架，消费者也没有盲目抵制，这是理智；前一日股评专家看空后市，持股者没有盲目听从，也是持股者的理智。

有理智的人不仅会努力工作，更会在行动前思考。其实我们如果能拿出一些时间去认真思考、制订计划，就会觉得工作非常有趣，易于解决。想了就要去做，但还要会做。巧干就是要抓住问题的关键，找到有针对性解决问题的方法，这样就可以达到事半功倍的效果。

我们经常会看到有些小孩子，在父母长辈的宠爱下，经常说一些没大没小的话，做一些颠三倒四的事情。家里来了客人，孩子没有礼貌，调皮捣蛋，无一刻安宁；家人带着上超市，孩子会停在自己喜欢吃的食物旁纠缠着让父母买，无论怎么劝告都不听；课堂上，老师布置的作业孩子不完成，却一心想着去玩耍；本应做作业的时候，父母说"先做作业再吃糖！"孩子偏要"先吃糖再做作业！"如果说小孩子的生活"随心所欲"是情有可原，因为他们的心智没有发展完善，还不太懂事，但是，很多年轻人到了应该懂事的年龄，还不能约束自己的言行举止，经不起丝毫的诱惑，做事任意胡为，不考虑后果。这些年轻人的表现，反映出他们缺乏足够的自制力。自制力也就是自我克制的能力，是指人们能够自觉地控制自己的情绪和行动，既善于激励自己勇敢地去执行决定，又善于抑制那些不符合既定目标的愿望、动机、行为和情绪。自制力是坚强的重要标志。

有理智的人们，绝不会在明知道一份不可能实现的理想，或是一场看上去很美，实际上却是如"水中月，镜中花"样的情怀中，感情用事，全身心的投入。

因为，理智的人们，其实都很了解，也太明白这样的一个道理：不可能实现的梦想，哪怕是梦寐以求的，最终也不过只是一曲旋律优美，悦耳动听的催眠音乐而已，注定不会长久。

清朝时候，有一个商人在外面做生意，半生操劳，终于攒下一笔丰厚的财产，准备回家与妻儿团聚。为了安全，他特制了一把油纸伞，将粗大的竹柄关节全部打通，把珠宝玉器放进去。果然将财物保存得很完好。这天，下着小雨，他来到一个小面馆，吃饱之后在座位上打了一个小盹儿。醒来时，猛然发现油纸伞已不见踪迹。他打了个冷颤，这伞是他的身家性命啊！

若是平常人遇见此事，恐怕早就发疯了，肯定去报官、贴榜，将事情搞得沸沸扬扬。但是这个商人很快就镇定下来。他发现手里的小包袱完好无损，猜想不过是有人顺手拿伞遮雨。想了片刻，他终于有了主意，在集市旁边租了个房子，以修伞度日。大半年过去了，他却始终没有见到他的那把伞。一天，他无意中听到米店老板和伙计的交谈："那把伞就不要拿去修了，一把伞值不了几个钱，那么破了，不如买把新的。"于是商人又想了一个好主意：油纸伞以旧换新。

以旧换新的消息传开了。不久，来了一个中年妇女，手里拿的正是商人魂牵梦萦的那把油纸伞。商人压抑着惊喜，不动声色地收下了那把伞，犀利的眼光一扫，看到伞柄封处完好无损，转身从店里挑了一把最好的伞给了那人，然后徐徐关上了店门。

当天夜里，商人带着珠宝悄悄地走了。当地的人纷纷猜测那位和善的修伞人到哪里去了。

这个商人无疑是十分理智、冷静的，在紧要关头成功地遏制住了冲动。试想，如果他在油纸伞丢了之后，气血攻心，一时冲动，去报了官，其后果可想而知。本来只是拿伞遮雨的人一旦听到有珠宝的消息，恐怕会迫不及待地将珠宝占为己有。即使那个人心地善良，归还给了商人。难保官府、土匪不会打这笔钱的主意。要知道，商人当初之所以把钱财换成珠宝，封在伞柄里，就是害怕被盗贼抢夺。所以，无论哪种情况，一旦声张，后果不堪设想。这个商人在事情的当下及时压制住了自己的冲动，想出修伞、以旧换新这样的方法，最终重获珠宝，平安回到家里。

那么我们在面对失业、公关危机、家庭矛盾等情况时，你是冷静思考积极应对呢？还是极不成熟地逃避呢？

48. 聪明人要讲道理

人生在世，谁人背后不说人，谁人人后不被说。一旦遇到类似于"泼妇骂街"的行为，我们千万不要被这种行为所影响，反唇相讥，而是要冷静下来与人讲道理。这才是一个聪明的人该有的素养。

谁人背后不说人，谁人人后不被说。不要认定什么事都跟你有关系，做事不要让别人言行激起你的负面情绪。别人对你的一些评价或言论，与你有什么关系呢？你只要做好你自己就行了。自傲、好胜、自卑、消极、爱面子、虚荣、妒忌、贪婪，这些不良个性或品质都容易形成一些负面情绪。心理学的研究显示，那些心直口快、心里藏不住秘密的人更容易把自己的情绪感染给他人，因为他们表达情绪的能力更强，另一方面，内心较为脆弱的人则更容易接收他人的情绪。更何况，任何负面的消极的情绪，一旦遇到了爱，就如冰雪遇到了阳光，很容易就消融了。如果现在有一个人在你面前暴跳如雷，对你发脾气，你只要始终对他施以爱心及温情，冷静处理，最后他一定会改变先前的情绪。只要你有足够的爱心和耐心，就可以成为全世界最有影响力的人。

年轻人在冲动前要先想到：每个人都有自己的尊严，每个人都渴望被人重视，被人尊重。在人与人的交往中，当你懂得维护别人的面子时，你就会成为一个处处受到欢迎的人。其实，正因为你给了别人面子，所以别人也以同样的礼物来回报你！

人人都有自己的面子，人人都要面子。倘若你敬我一尺，我就会敬你一丈。不同的处事态度，会带来不同的结果。

某单位有两个年轻人住单位的集体公寓。两人都在恋爱阶段，经常很晚才回宿舍。其中一个人，每次后半夜回来了，总是一边敲门一边呵斥值班老人。一次，老人准备开门，门外的年轻人却嫌老人动作慢，大声骂道："我当你睡死了，叫了半天不见动静。"老人家听见了很生气，收起钥匙转身回屋睡觉去了，年轻人只好在外面转到天亮。另一个年轻人就有礼貌多了，每每经过门口，一定向老人打个招呼问声好，无论早晚，总是轻轻的叩门，"大爷、大爷"甜甜地叫。值班老人仿佛能预知他回来似的，很快就笑吟吟的快步把门打开。因为工作关系，这个年轻人有段时间每天都要很晚才回来，他首先想到的是老人家，就和老人家商量，"我天天打搅您，实在不好意思。如果能给我配把钥匙，晚上就不会打搅您的好梦了，不知您是否同意？"值班老人一听十分高兴，很快就给这个年轻人配好了新钥匙。

这个故事中，两个年轻人都是很晚才回来，可是他们的做法却不同，得来的结果也大不相同。当你不尊敬值班老人时，值班老人也是人，也有感情也要面子，他自然可以不为你开门，所以这个轻狂的年轻人付出了应该付出的代价。而另一个年轻就懂得人情世故，他给足了老人的面子，而且能够体谅老人的难处，自然赢得了老人的欢心。这就是为人处世的基本道理。

49. 别冲动，遇事三思而后行

冲动虽然可怕，却只是一种瞬间的情绪，如果在那个临界点，你把握好了，遇事三思而后行，我们就可以把它永远封存在心底。

遇事要冷静，这是大家都懂的一个道理。有些人甚至把"冷静"二字写在墙上、记事本上、QQ 签名上，等等。但是遇到事情的时候，还是忍不住冲动。如果冷静那么容易办到，我们也不用这么费尽心力地让自己记住。也许，不是冷静太难，而是它的敌人——冲动，太过强大。他就像一个最守约的魔鬼，总是在我们遇到意外、理智崩溃的刹那准时出现。

冲动并不是随时都有出场的机会，就像是一个被我们封印在内心的一个魔鬼。在我们平静的日常生活中，它一直沉睡在心底，不声不响。但是当我们遇到意想不到的事、急事、糟糕的事，情绪开始激动的时候，它就会被唤醒。一发不可收拾，等过了那个点，一切风平浪静，才开始后悔。

古时候，有一个妇人喜欢为一些琐碎的小事生气。她知道这样不好，便去求一位高僧为自己指点迷津。

高僧听了她的讲述，一言不发地把她领到一座禅房中，落锁而去。

妇人气得跳脚大骂，但高僧也不理会。妇人又开始哀求，高僧仍置若罔闻。妇人终于沉默了。高僧来到门外，问她："你还生气吗？"

妇人说："我只为我自己生气，我怎么会到这地方来受这份罪。"

"连自己都不原谅的人怎么能心如止水。"高僧拂袖而去。

过了一会儿，高僧又问她："还生气吗？"

"不生气了。"妇人说。

"为什么？"

"气也没有办法呀。"

"你的气并未消逝，还压在心里，爆发后将会更加剧烈。"高僧又离开了。

于是，妇人问高僧："大师，什么是气？"

高僧将手中的茶水洒在地上。妇人有所顿悟，叩谢而归。

妇人在高僧那里悟到人生的真理。何苦要生气呢？气是由别人吐出来的，但接到你口里受到伤害的也是你。由冲动出发而出的气轻则使我们感到不太舒服，重则影响到我们的健康，有时候甚至会威胁到我们的性命。

人在生气时往往缺乏理性思维，容易失去判断、冲动行事。所以，遇到什么事，先告诫自己不要马上生气，不要因为冲动的情绪而坏了之后的事情，那就更是得不偿失。

每个人都可能会遇到别人的误解，都可能会受到别人不公正的批评甚至谩骂，那么，请冷静下来，千万别生气。如果你像对方一样失去理智的话，那么事情将会更加不可收拾。

还记得古希腊神话里那则仇恨袋的故事吗？

赫格利斯是一个威风凛凛的大力士，从来都是所向披靡、无人能敌。因此，他踌躇满志、春风得意，唯一的缺憾就是找不到对手。有一天，他行走在一条狭窄的山路上。突然，一个趔趄将他险些绊倒，定眼一瞧，原来脚下躺着一只袋囊。他猛踢一脚，那只袋囊非但纹丝不动，反而气鼓鼓地膨胀起来。赫格利斯恼怒了，挥起拳头又朝它狠狠地一击，但它依然如故，仍迅速地膨大着。赫格利斯暴跳如雷，拾取一根木棒朝它砸个不停，但它却越胀越大，最后将整个山道堵得严严实实。气急败坏却又无可奈何的赫格利斯累得躺在地上，气喘吁吁。一位智者走来，见此情景，困惑不解。赫格利斯懊恼地说："这个东西真可恶，存心跟我过不去，把我的路都给堵死了。"智者淡淡一笑，平静地说："朋友，它叫'仇恨袋'。如果你不理会它，或者干脆绕开它，它就不会跟你过不去。也不至于把你的路给堵死了。"

这是一个由矛盾组成的社会，人与人之间产生摩擦、误解甚至纠纷、恩怨都是非常正常的事情。然而，当身处这样的境地时，你的心中还装着"仇恨袋"不放的话，生活将会变得沉重起来，最后，只会白白赔上自己的美好前程。所以说，人一定要懂得适时地放下，放下心中的不快与气愤，千万别拿他人的过错折磨自己，也许这个时候你就会体会到人生是多么的美好，完全没有必要自寻烦恼！

50. 用理智管好你的坏脾气

人的一生总有许多这样那样的烦心事，会让自己情绪陷入谷底，可能还会无法自控自己的脾气，朝人乱发火。最终不但问题没解决，可能还会弄得别人心里也不舒服，最后自己会更后悔。所以，当你心情不好的时候不要乱朝人发脾气，要学会自己找寻快乐。

在怒火中烧的时候，一个眼神、一句话都可能会成为导火线。这个时候不如先让自己冷静，沉默一会儿后再仔细思考。一分钟的时间是微不足道的，但在发生事端前暂停一分钟却是非常重要的。就像美国第三任总统杰弗逊说的那样："先数到10，然后再说话，假如仍然怒火中烧，那就数到100。"

当一个人的情绪低落时，也很容易会发脾气，因为情绪低落的人难免会感到人世艰难，觉得这个世界一点也不美好。这时，生活中小小的喜悦却是你应该自己寻找的。例如，品尝一道你最爱吃的菜，看一遍使你心中充满温暖或令你开怀大笑的电影或电视，从这些你喜欢的事物中，你能获得更多的慰藉。

在社会大舞台上，每一个社会角色的扮演者，总要面临这样那样的困难处境。面对这些处境的时候，不同的人有不同的处理方法。生活中，谁都会遇到不如意的事情，我们在不伤害他人的情况下，宣泄自己的情绪是有好处的。

有一个运气糟糕的水管工。一次，他被一个农场主雇来安装农舍的水管。水管工先是因车子的轮胎爆裂，耽误了一个小时，接着电钻坏了，修了半天，待他干完活准备回家时，却发现自己那辆载重一吨的老爷车也坏了，雇主只好开车把他送回家去。到了家门口，满脸沮丧的水管工没有立即进去，他沉默了一阵子，再伸出双手，轻轻抚摸着门旁一棵小树的枝丫。

待到门打开时，水管工笑逐颜开地拥抱两个孩子，再给迎上来的妻子一个响亮的吻。在家里，水管工愉快地招待了雇主。雇主离开时，水管工送他出来。

雇主按捺不住好奇心，问："刚才你在门口的动作，有什么用意吗？"

水管工爽快地回答："有，这是我的'烦恼树'。我在外头工作，烦心的事情总是有的，可是烦恼不能带进家门，不能带给妻子和孩子，于是我就把它们挂在树上，让老天爷管着，明天出门再拿。奇怪的是，第二天我到树前去，'烦恼'大半都不见了。"

从这个故事中，我们可以认识到一点，我们需要为自己的情绪找一个出口，使自己不胡乱向他人发火，进而伤害他人。比如上文这个水管工的"烦恼树"就是他的情绪出口。那么，我们的情绪出口在哪里呢？

1. 转移思绪

一般情况下，对自己的情绪产生强烈刺激的事情，都是与自己的切身利益有很大关系的，要很快将它遗忘，的确很困难。这种情况下，我们可以将这种情绪积极转移，设法使自己的思绪转移到更有意义的方面上，主动找知心朋友谈心，或者找有益的书来阅读。当心思有所寄托的时候，人就不会处于精神空虚、心理空旷的状态。

2. 把烦恼哭出来

在你过度痛苦时，不妨大哭一场。哭是释放积聚的能量，调整机体平衡的一种方式，能使心中的压抑得到不同程度的发泄，从而减轻精神上的负担。悲痛之极，痛哭一场，就会觉得好过一些；受了委屈之后，找亲朋好友倾诉一番，流掉委屈的眼泪，便觉得心里舒服一些。

不仅如此，哭对健康是有一定好处的，在因发泄情绪尤其是悲伤情绪而哭时，会随着眼泪排出一些化学物质，而正是这些物质能引起血压升高、消化不良或心率过快，把这些物质通过眼泪排泄出去，对身体是有益的。

3. 找朋友倾诉

倾诉能够减轻心理的紧张感和压力感。心理治疗中有一种处理方式叫"表达性艺术治疗"，其中，倾诉是很好的情感表达解压方式。在情绪低落的时候，你可以选择与家人或者亲密朋友倾诉，他们并不会取笑，相反，会给你更多鼓励，同时也能增进双方感情，共同解决困难。

4. 运动发泄

运动是一个较好的发泄方式。比如当你情绪压抑的时候，可以约朋友一起去爬山、打球等，或是去跑步、散步，这样就能把因盛怒而激发出来的能量释放出来，从而使心情平静。

总之，控制住你的情绪，让烦恼远离你，我想从此你就幸福了，无憾了，美满了。

51. 冷静下来，与对方好好谈

日常生活中的很多纠纷都是由于我们太过冲动，不会平静地与人好好沟通造成的，要知道人在社会中生存，冷静地与人交流是每个成功人士必不可少的法宝。倘若我们遇到纠纷时，只想着自己正确的地方，而不能从自身去找失误，与人好好地沟通，那么纠纷只能是愈演愈烈。

美国一名研究应激反应的专家理查德德·卡尔森说："我们的恼怒有80%是自己造成的。"这位加利福尼亚人在讨论会上教人们如何不生气，他还就此写了一本书《不要为小事情浪费精力》。卡尔森把防止激动的方法归结为这样的话："请冷静下来！要承认生活是不公正的。任何人都不是完美的，任何事情都不会按计划进行。"

堵车堵得厉害，交通指挥灯仍然亮着红灯，您烦躁地看着手表的秒针。终于亮起了绿灯，可是您前面的车子迟迟不发动。您愤怒地按响了喇叭，那个似乎在打瞌睡的人终于惊醒了，仓促地起步，而您却在几秒钟里把自己置于紧张和不愉快的情绪之中。

应激反应这个词从上世纪50年代起才被医务人员用来说明身体和精神对极端刺激（噪音、时间压力和冲突）的防卫反应。现在研究人员知道，应激反应是在头脑中产生的。即使是非常轻微的恼怒情绪，大脑也会命令身体分泌出更多的应激激素。这时人体的呼吸道扩张，以便为大脑、心脏和肌肉系统吸入更多的氧气。血管扩大，心脏加快跳动，血糖水平升高。

埃森医学心理学研究所所长曼弗雷德·舍德洛夫斯基说："短时间的应激反应是无害的。"他说："使人受到压力的是长时间的应激反应。"他的研究所的调查结果表明：61%的德国人感到在工作中不能胜任；有30%的人觉得因不能处理好工作和家庭的关系而有压力；20%的人抱怨同上级关系紧张；16%的人说在路途中精神紧张。

比如，在你上班的路上发生了一件让你很不开心的事情，积累了很多负面情绪，当你到公司后，你可能就会把别人一些无意识的动作解读成是故意针对你，因而与人发生争执。如果你在公司和同事闹得不愉快，回到家可能会误解家人的关心，而拿家人当出气筒。

其实，生活中每个人都渴望被理解、关注、认同，但很多年轻人眼中看到的别人不过是他自己内心感觉的投射，这投射笼罩着他的情绪，因此出现"天下本无事，庸人自扰之"的情景。如果年轻人能了解这一点，将会更好地掌控自己的情绪，生活中也会多一点快乐，少一些烦恼。

现代心理学家认为，情商与智商同样重要，是个人迈向成功的一个要素。从下面的这个例子就可以看出情商对一个人成长和成功的重要性。

几天前，小姜跟客户起了冲突，导致公司损失50多万元，自己也丢了工作。他到现在心里还不舒服，而且，自始至终觉得自己委屈。

这个客户是经理好不容易拉到的，是个傲慢的中年女老板，她同意购买公司生产余留下来的一些边角材料。这些材料对公司来说也是鸡肋，留着没用，丢掉又可惜，加上现在的项目正缺少一笔资金，所以想尽快把这些边角材料处理掉。

双方洽谈后，对方愿意以低价格全部收走这些余料。如果说客户是上帝的话，那么这个女客户还真把自己当上帝了，以为自己拯救了他们公司。

当女客户来到公司大厅找经理的时候，小姜正好经过，问了一句您找谁。"找你们财务的小王！"她一副傲睨自若的样子。

小姜没注意到她的神态，随口对财务门口喊了一句："王，你的客人，出来接客！"

女经理十分敏感，她对"接客"这两个字颇为不满，认为一个小年轻人这样说话是对自己极大的不尊重。于是大声喝道："你……你什么意思？怎么说话呢，你！"

小姜没想到女客户会将声音抬高八度朝自己吼起来，因为没有意识到自己哪句话惹恼了客人，直愣愣地说："我就这么说话啊，怎么了！"

女客户没想到这么一个自己看不上眼的小小职员居然敢跟自己对着干，气得脸都青了，当场就对着小姜发飙："你们公司的人都什么素质啊！不像人说的话！"

这句话又让小姜恼怒了，觉得对方对自己进行了人身攻击。于是，索性站住跟客户吵起来，也不管对方是什么人，先出一口闷气再说。后来，女客户气得舌头打哆嗦，小姜捂着嘴偷笑！

再后来，财务的小王和经理都出来，此事才化解，这笔买卖最终没做成。经理气得无语，看也没看小姜一眼，挥挥手，说："你明天不用来上班了！"

小姜没想到，自己用错了一个词竟丢了份工作，他甚至认为是对方有意挑起战火，小题大做。朋友听了他的"下岗"故事后，对他说了一句话："你的情商太低了。"这句话就像一支箭，刺入了他的心脏。

按照我们平常的思维，小姜的这句话确实没什么，或许平时小姜就是用这样的口吻跟他的朋友们说话，开玩笑的。然而，既然在公司，面对客户的时候就不应该这样随心所欲，客户需要的是尊重，小姜的这句话恰好没有掌握好分寸。

这个时候，小姜如果情商高一点，应该能意识到自己说话不妥。其实，只要他对客户说一句对不起，控制一下自己的情绪，可能就不会有后面的战火纷飞。可惜的是，小姜不懂得克制自己，又遇到了一个比较敏感、容易情绪化的中年女客户，双方都不愿意让步的情况下，一场不愉快就不可避免了。如果能在战火发起前就冷静下来好好道歉，可能结果就不是这样了。

52. 控制自己的情绪，不让怒气爆发

当你被触及底线的时候，当你的情绪膨胀到极点的时候，不妨停一停，压一压，不要让自己的怒气爆发。第一次很难，第二次、第三次，慢慢地你就会自觉地压制冲动。当你能控制自己的情绪，不让怒气爆发时，自然也就能三思而后行，冷静处理问题。

有的时候，我们自己也不想冲动，但是实在没有办法，事情太突然或者对方逼人太甚时，就很难控制自己。要知道，我们之所以会冲动，情绪激烈膨胀，就是因为发生的是我们最不想看到的，最忌讳的，只有被触犯到底线，我们才会勃然而起。

小李是个很和蔼的人，人又勤快，很受单位里长辈同事的喜爱。有一次，公司的杂工张姐端咖啡的时候不小心撞了他一下，一杯咖啡全部倒在他身上。张姐忙说对不起，还帮他擦，很是愧疚。没想到他一把推开张姐的手，面红耳赤，大声叫嚷自己的衬衣是多么贵，才穿了两次，还是刚刚干洗过的。大家都被惊动了，没想到这个平时和和气气的小姑娘竟然能发这么大的脾气。张姐尴尬地站在那，她一个快50岁的人了，被一个年轻的小姑娘一顿抢白，不知道说什么好。幸好，旁边的人把张姐拉走了，又有人拿出备用的工作服给小李换上，一次风波就这么结束。从此，小李在单位的处境很尴尬，她也很后悔，觉得对张姐很过分，还专门去道歉，说自己有洁癖，绝对不允许自己的衣服有半点污垢。但是大家还是很害怕她再发火，都有意避开她，私下聚会什么的也不通知她。半年后，她不得不辞职。一时冲动，造成了"众叛亲离"的恶果。何苦呢？

的确，一旦我们特别在意的事情被触碰了，就会冲动起来。不顾三七二十一，自己痛快了再说。其实，冲动是没有借口的。冲动是解决不了问题的，就像小李的衣服被弄脏，即使她再吼再叫，还是脏了，事实不会改变。与其大发脾气埋怨别人，倒不如平静地解决问题。

能控制自己情绪、内心豁达的人都是比较宽容的，他们能够尊重别人不同

的看法、思想、言论、行为、宗教信仰。当然，他们也会有和别人意见不同的时候，但他们懂得尊重别人的选择，给予别人自由思考和行动的权利。有时候，豁达产生宽容，而宽容导致了自由。

公元200年，曹操的死对头袁绍发表了讨伐曹操的檄文。在檄文中，曹操的祖宗三代都被骂得狗血喷头。曹操看了檄文之后问手下人："檄文是谁写的？"手下人以为曹操难得大发雷霆，就战战兢兢地说："听说檄文出自陈琳之手。"没想到，曹操连声称赞道："陈琳这小子文章写得真不错，骂得痛快。"官渡之战后，陈琳被曹操俘获。陈琳心想：当初我把曹操的祖宗都骂了，这回非死不可了。但是，出人意料的是，曹操不但没有杀陈琳，而且还让陈琳做自己的文书。曹操与陈琳开玩笑说："你的文笔的确不错，但是，你在檄文中骂我本人就够了，为什么还要骂我的父亲和祖父呢？"后来，深受感动的陈琳为曹操出了不少好计策，使曹操颇为受益。

曹操算得上是一个情绪控制的行家里手，他并没有因为陈琳的辱骂而耿耿于怀，更没有借机报一箭之仇，他宽容大度地选择了放下，并且以欣赏的态度来对待陈琳，这不得不使陈琳深受感动，从而暗下决心要报答曹操的知遇之恩。

华盛顿在上小学的时候，就开始不断约束自己的行为。他辛勤地抄写了100多条"怎样成为一名绅士"的准则，其中包括不要在饭桌上剔牙，同别人谈话时不要离得太近，等等。

1754年，已升为上校的华盛顿率部驻防亚历山大市，当时，弗吉尼亚州会议选举议员有一个名叫威廉·佩恩的人，反对华盛顿成为候选人。

有一次，华盛顿就选举问题和佩恩展开了一场激烈的争论，其间华盛顿失口说了几句侮辱性的话。身材矮小、脾气暴躁的佩恩怒不可遏，挥起手中的山核桃木手杖将华盛顿打倒在地。

华盛顿的部下闻讯而至，要为他们的长官报仇雪恨。然而，华盛顿却阻止并说服了大家，让他们平静地退回了营地，一切由他自己来处理。翌日，华盛顿托人带给佩恩一张便条，约他到当地一家酒店会面。佩恩自然而然地以为华盛顿会要求他进行道歉，以及提出决斗的挑战，料想必有一场恶斗。

但是事实却大出佩恩所料，到了酒店后他看到的不是手枪，而是酒杯。华盛顿站起身来，笑容可掬，并伸出手来迎接他。"佩恩先生，"华盛顿说，"人都有犯错误的时候。昨天确实是我的过错。你已采取行动挽回了面子，如果你觉得已经足够，那么就请握住我的手，让我们做个朋友吧！"

这件事就这样皆大欢喜地了结了。从此以后，佩恩则成了华盛顿一个热心的崇拜者和坚定的支持者。

和曹操一样，华盛顿用自己的豁达与大度征服了对手，一场悲剧就这样被避免了。也正是这种宽容的胸怀，为他以后的人生打下了良好的基础。

每个人都会有许多无法避免的缺陷，一个不懂得自控情绪的人，往往拒绝承认这一点。他们总是想方设法地抵御着任何可能会令自己缺陷暴露出来的外来冲击，久而久之，自己的心理就变得脆弱无比了。

而一个拥有自嘲能力的人，却可以免于此患。他能够大大方方地察觉自己的弱点，而没有必要费尽心去掩饰。要摆脱尴尬，走出困境，正面的回避需要极大的努力，但自嘲却为豁达者提供了一条逃遁出去的轻而易举的途径。那些包围我的，本来就不是我的敌人。于是，尴尬或困境，就在概念上被取消了。豁达也有程度的区别，有些人对容忍范围之内的事，会很豁达，但一旦超出某种极限，他就会突然改变，表现出完全相异的两种反应方式。

要做一个豁达的人，就必须拥有美好的心灵，就必须放下各种包袱，使真诚、热情、谦虚、勇敢、坚定成为自己立身处世的法宝。当你真正拥有一个宽广的胸怀时，你便拥有了一个美好的人生。

第九章

张扬是跌倒的起始点，低调是卓越的直通车

张扬个性可以引起更多人的关注，但也许就会在不经意间埋下祸根，真正通向卓越之路的品质是低调。低调意味着收敛自己，不外露，这是一种人生的处世智慧。但低调并不意味着不显现自己的才能，而是要适度的出风头。低调的人即使自己有理，也懂得得饶人处且饶人，给别人也给自己留下余地。低调的人即使很优秀，也会向人学习，以礼待人，谦虚客气。

53. 高处不胜寒，低姿态好做人

张扬个性固然没什么不好，但要知道高处不胜寒的道理。一个人越张扬，别人给予他的关注也越多，这没什么不好，但却会使自己陷于别人的审视之中，平白的失去了很多自由，而低调的人则可以拥有更多的自由空间，也更好做人。

做人应该懂得低调。不能因为别人与自己脾气不同，身份有异，价值观不一致就显示出不耐烦或瞧不起别人的样子。即使你真是高人一筹，也要懂得放下架子，放下学历，放下背景，踏踏实实地谦虚地向人学习。即使你真的很优秀，在别人面前也不可能有绝对的优势。

有一天，一名大学教授到一个乡村游山玩水。他雇了一条小船游江，船开动后，教授问船夫："你会数学吗?"船夫回答："先生，我不会。"教授又问船夫："你会物理吗?"船夫回答："先生，我不会。"教授又问船夫："你会用计算机吗?"船夫回答："对不起，我不会。"

教授听后摇头说道："你不会数学，人生意义已失去三分之一;不会物理，又失去六分之一;不会用计算机，又失去六分之一;你的人生意义总共失去三分之二……"说到这儿，天空忽然飘来大片黑云，眼看暴风雨就要来到，在暴风雨笼罩的江面，小船是很危险的。

船夫问教授："先生，你会游泳吗?"教授一愣，答道："不会。"船夫说道："那你的人生意义就要全部失去了……"

在某些时候，即使你不同意别人的观点，也要谦虚一点。如果你做不到这点，那么你至少要懂得尊重别人，礼貌待人。你可以不同意别人的说法，但是你要尊重别人说话和生活的权利。你用不着刻意奉承别人，但你一定要学会真心地赞美和欣赏别人;你不一定要请客送礼，但你至少不要吝啬自己的微笑;你不需要说那些言不由衷的话，但要懂得尊重别人的感受。

在农业机械没有被广泛使用之前，乡下人饲养大型牲畜极为普遍。这些大型牲畜，大致可以分为三个层次。

第一层是骡子和马，这是富人家里才养得起的一类。它们不但要拉车犁田，还要频频出现在各种礼仪场合，拉轿车当坐骑，因此不光要有力气，还要身架好，毛色好，脾气好。当然，主人对它们也比对别的牲畜高看一眼，草好，料好。这些都不是一般小户、中户能办得到的，没有相当财力是养不起这样的牲口的，"高头大马"是富家的标志。

第二层是牛。牛的力气大，拉犁耕田是它的强项，但是牛也有明显的缺点：一是行动慢，用于运输时拖拖拉拉；二是食量大，虽不求精，数量却惊人，夏秋青草多时还能够对付，过冬的料草，有时实难筹措。因此，在不缺饲草的山区才好养牛。

第三层是毛驴。毛驴力气单薄，但是它吃得少也不求精。尤其可爱的是它能干多种活，拉车（小大车）、拉犁（要两头驴子拉双套）、拉磨、驮着女主人走娘家，无所不能。而且，身价不高，一般农户都买得起。正因为这样，毛驴在乡间随处可见。

牲畜的能力尚分三层，人的能力更是千差万别。不要做自己能力之外的事情，更不要妄自尊大。有时候如果我们自视太高，过分张扬自己，不懂得低调，最终就会自毁前程。

54. 收敛自己,有才不能太外露

商人总是隐藏其宝物,君子品德高尚,而外貌却常显得愚笨。这句话告诉我们,要敛其锋芒,收其锐气,千万不要不分场合地将自己的才能展现得让人一览无余。你的长处短处一旦被别人看透,就很容易被他们支配。

日常工作中不难发现这样的同事,他们虽然思路敏捷,口若悬河,但刚说几句就令人感到狂妄,所以别人很难与他交流。这种人多数都太爱表现自己,总想让别人知道自己很有能力,处处想显示自己的优越感,以为这样才能获得他人的敬佩和认可。其实这样做的结果只会使自己在同事中失掉威信。

对自己要轻描淡写,要学会谦虚,只有这样,我们才会永远受到别人的欢迎。对此,卡耐基曾有过一番妙论:"你有什么可以值得炫耀的吗?你知道是什么原因使你没有成为白痴吗?其实不是什么了不起的东西,只不过是你甲状腺中的碘而已,价值并不高,才五分钱。如果别人割开你颈部的甲状腺,取出一点点的碘,你就变成一个白痴了。在药房中五分钱就可以买到这些碘,这就是使你没有住在疯人院的东西———价值五分钱的东西,有什么好谈的呢?"

你的聪明才智需要得到上司的赏识,但你如果在与上司交谈时故意显示自己,不免有做作之嫌。上司也会因此认为你是一个自大狂、恃才傲物、盛气凌人,从而在心理上觉得与你难以相处,缺乏默契。因此,要想在与上司交谈时表现自己,你就应该选一些自然、活泼的话题,令他充分地发表意见,你再适当地作些补充,提一些问题。这样,既让上司感到自然,又使他知道你是有知识、有见解的。在上司面前,不要为了表现自己而吹牛,编瞎话。弄虚作假者,往往会失信于人。上司若觉得受到了你的欺骗,将格外恼火,因为你把他当成了随随便便就能糊弄的人。这在很大程度上会伤害上司的自尊心,最终,吃亏的还是你自己。

法国哲学家罗西法古说:"如果你要得到仇人,就表现得比你的朋友优越;如果你要得到朋友,就要让你的朋友表现得比你优越。"当我们让朋友表现得比我们优越时,他们就会有一种得到肯定的感觉,但是当我们表现得比他们优越时，他们就会产生一种自卑感，甚至对我们产生敌视情绪。因为谁都在自觉不自觉地强烈维护着自己的形象和尊严，如果有人对他过分地显示出高人一等的优越感，那么无形之中是对他自尊的一种挑战与轻视，同时，排斥心理乃至敌意也就应运而生。

何先生是一位很有人缘的工作骨干，他刚到人事局时，在同事中几乎一个朋友都没有。因为他总是春风得意，常在单位炫耀有多少人找他帮忙，那个几乎记不清名字的人昨天又硬是给他送了礼，等等。同事们听了不仅不欣赏，而且还极不高兴。后来，当了多年领导的老父亲指点他，他才意识到自己的毛病。从此以后，他便很少谈自己而多听同事们说话，因为他们也有很多事情要吹嘘，这远比听别人吹嘘更令他们兴奋。后来，每当他与同事闲聊，总是先请对方滔滔不绝地表现自己，只有在对方停下来问他的时候，才很谦虚地说一下自己的情况。一段时间之后，他的人缘也变得好起来了。

事实就是如此，万事不可太外露，不管引来的是猜忌，还是排斥，倒不如低调地脚踏实地做事，才能得到更多的认可和激励。

55. 枪打出头鸟，出风头要有个度

有人说："自我表现是人类天性中最主要的因素。"人类喜欢表现自己就像孔雀喜欢炫耀美丽羽毛一样正常。但刻意的自我表现就会使热忱变得虚伪，自然变得做作，最终的效果可想而知。

表现自己并没有错。在当今社会，充分发挥自己，充分表现出自己的才能和优势，是适应时代挑战的必然选择。但是，表现自己必须分场合、分形式，如果过于表现，使人看上去矫揉造作，一点都不自然，好像是做样子给别人看似的，那就要另当别论了。因此，真正展示教养与才华的自我表现绝对无可厚非，只有刻意地自我表现才是最愚蠢的。

卡耐基曾指出：如果我们只是要在别人面前表现自己，使别人对我们感兴趣的话，我们将永远不会有真实而诚挚的朋友。在办公室里，本来同事之间就处在一种隐性的竞争关系之下，如果一味地刻意表现，不仅得不到同事的好感，反而会引起大家的排斥和敌意。

杨明是一家大公司的高级职员，工作积极主动，待人热情大方。但是有一天，一个小小的动作却使他的形象在同事眼中一落千丈。

当时在会议室，许多人都等着开会，其中一位同事发现地板有些脏，便主动拖起地来。杨明本来一直站在窗台边往楼下看，突然急步走过来，叫那位同事把手中的拖把给他，同事不肯，可杨明却执意要求，那位同事只好把拖把给了他。

杨明接过拖把，刚拖了一会儿，总经理推门而入，见他正拿着拖把勤勤恳恳、一丝不苟地拖着。从此，大家再看杨明，顿觉他虚伪了许多，从前的良好形象因这个小动作而丢得一干二净。

工作中，往往有许多人不能掌握热忱和刻意表现之间的区别。许多人总把一腔热忱的行为搞得像是故意装出来的，也就是说，这些人学会的是表现自己，而不是真正的热忱。热忱绝不等于刻意表现，而应该是在值得拼搏的时候拼上一场，在需要关心的时候关心他人。

　　许多人在其谈话中不论是否以自己为主题，总有突显自己的表现。这种人虽说可能被人高估为"具有辩才"，但是，也可能被认为是"口无遮拦显得轻浮"或经常想要"引人注意"等，暴露出其自我显示欲的消极面，使别人产生排斥感和不快情绪。

　　据说丘吉尔虽然经常使用夸张的词汇来自我表现，但是在关键时刻他却会用英语说："我们应该在沙滩上奋战，应该在田野、街巷里奋战，应该在机场、山岗上奋战——我们，决不感激投降。"请注意，他说的是"我们"，而非"我"。善于自我表现的人常常既"表现"了自己，又未露声色。因此当我们与同事进行交谈时，多用"我们"而很少用"我"，就会使人觉得较亲切。要知道"我们"这个字眼，代表着"你也参加"的意味，往往使人产生一种"参与感"，还会在不知不觉中把意见相一致的人划为同一立场，并按照自己的意图影响他人。

56. 聪明人都有自知之明

聪明人贵在自知之明。生活中你会发现很多人其实一点都不聪明，却偏要假装自己很聪明，有些人确实有些小聪明，但是他，唯恐没有人知道他的聪明，四处张扬。事实上，真正聪明的人都有自知之明，能够意识到在广袤无垠的宇宙中，渺小的自己是知之甚少的。

敢于承认错误的人。敢于在他人面前承认自己的无知是需要资本的。人其实都是不完美的，人的内心深处都有一种不安全感，所以需要炫耀自己的长处来隐藏自己的短处。而只有真正的智者才敢于袒露自己。

曾有人问神：苏格拉底是否是雅典最聪明的人。神回答说：是的，没有人比苏格拉底更聪明了。苏格拉底知道后非常惊讶和惶恐，他知道自己不但不是最聪明的，而且一点都不聪明。他不明白神的意思，决定极力反驳。他找了当时很多著名的政治家、诗人和工匠进行研究，后来发现，他们不仅不聪明，而且竟然不知道自己不聪明。最后，苏格拉底得出了答案：神说得没错，自己的确是最聪明的，因为他至少知道自己不聪明这一事实。

聪明的人之所以有自知之明，多半是因为聪明的人见识广，因此才能意识到在这个世界上还有很多事情是自己所不知道的，这样他就不会陷入自以为是的怪圈，自高自大。见识越广的人越懂得谦虚，而见识愈短浅的人反而愈盲目自以为是。如果你不能取悦他人，取悦自己又有何用？自满收获的只能是轻蔑，自高自贵、自行其是不会有好结果。

有一支名为"夜郎"的部落，夜朗部落有个首领名叫多同。在他眼里，夜郎就是天底下最大的国家了。一天，他骑马带着随从出外巡游，来到一片平坦的土地上，多同扬鞭指着前方说："你们看！这一望无边的疆土，都是我的，有哪一国能比它大呢？"跟随一旁的随从连忙献媚说："大王您说得很对，天下还有哪一国比夜郎更大呢！"他们又来到一大片高山前，多同仰起头，看着巍峨的高山说："天下还找得到比这更高的山吗？"随从连忙应和说："当然找不到，天下哪有比夜郎的山更高的山呢！"

后来，他们来到一条江边，多同跳下马来，指着滔滔江水说："你们看，这条江又宽又长，这是世界上最长最大的河了。"随从们没有一个不同意的，都齐声说："那是肯定的。我们夜郎是天下最大的国家。"

这次出游以后，夜郎国的人更加自大起来。

汉武帝时候，武帝派使者出使印度，经过夜郎国。夜郎的首领多同从没去过中原，根本不知道中原是怎么回事。于是他派人将汉朝使者请进部落帐中，问汉朝使者："汉和夜郎相比，哪个大些？"汉使者听了多同的问话，不禁哈哈大笑起来，他回答说："夜郎和汉是完全不能相比的。汉朝的州郡就有好几十个，而夜郎的全部地盘还抵不上汉朝一个郡的大小。你看，哪一个大呢？"多同一听，不禁目瞪口呆，满脸羞愧。

天外有天，当面对强者时，就应放下聪明自大的架子，屈服于强者的理论，并虚心请教学习。

57. 不要得理不饶人

佛语云："渡人自渡。"给别人留个台阶，也是给自己留条后路，别把事情做得太绝对，得饶人处且饶人。所以当你拿着真理的鞭子准备去惩罚别人的时候，请别忘了，得理且饶人。

俗话说"有理走遍天下"，这自然是不会错的。人活在世上，如果能够保持时时事事都占"理"，那么，这个人的一生将会受到人们的大加赞赏。不过，要得到人们的赞赏也并非是没有条件的，这个条件就是有理还须有节。如果因为自己占据了一个理字便张扬无敛，以理示狂，以理妄为，那不仅会失去自己的理，也会失去人们的信任。因而凡是那种得理不饶人的人，最终都不会有什么好结局。

官渡之战是曹操走向成功的最关键的阶梯，而其中的最大功臣之一就是及时来降，助曹操破乌巢的许攸。但最终曹操还是杀了许攸这个功臣。曹操和许攸本就是老朋友，如今许攸又帮了他这么大的忙，为什么曹操还要杀了他呢？原来许攸是个得理不饶人的人，凭着当初的一伐之恩，狂妄自大。但凡曹操取下了一座城池，许攸都会说："哦呦，要是没有我，您曹老人家哪里有今天！"曹操也不得不赔笑说："是啊是啊，多亏了您呀。"可想而知，曹操的内心一定是火冒三丈。这样成功的一个军事家，怎可能容一个人天天在后面揭自己的短，拆自己的台！

人的一生，难免要犯很多错误。用适当的方式及时地提醒别人，或是在别人犯错误后及时送上安慰的话，这样的人，会被大众所接受。但是凡事都有个度，如果不能处理好善后工作，得理不饶人，效果就会适得其反。

得理不饶人不会有好的结局，明知无理还要耍无赖的人，就更不会有什么好下场了。一个常常无理取闹的人，不仅不会得到人们的尊重，相反，就因为他是一个无理取闹之徒，会让人们觉得他很讨厌。人们会躲避他，鄙夷他，唾弃他，最终孤立他。如此一来，就算他有天大的本事，有天大的能耐，恐怕也只能是自己跟自己耍赖去了。

我们常听人说："有理走遍天下。"其实，"有理"与"无理"仅是一步之遥。在我们的现实生活中，有的人常常喜欢"得理不让人"，见到别人出错，总是气势汹汹地予以指责，这样做不仅于事无补，而且也让自己的有理变成无理。成功的人生，也应讲究批评的艺术。

有的人喜欢凭借手中的强权强势对别人进行无情的批评，以为这样就会让人印象深刻，实则不然。那样做的结果只能让人压而不服，即使口服心也难服。而那些刻骨至深铭记在心的恰恰是那些情理相融于无声处的批评。

有一次，查尔斯·史考勃经过他的钢铁厂。当时正是中午休息的时间，他看到几个陌生的员工正坐在那里抽烟。就在这几个刚进厂的工人们头顶上，正好有一块大招牌，上面清清楚楚地写着"严禁吸烟"。此时的史考勃完全可以指着那块牌子，声色俱厉地对那些人吼道："难道你们都是文盲吗?!"然后，按照规定将他们一个个开除或者对他们进行严厉的处罚。然而，史考勃并没有那么去做。相反，他朝那些人走去，友好地递给他们几根雪茄，说："诸位，如果你们能到外面抽掉这些雪茄，那我真是感激不尽。"吸烟的人立刻知道自己违犯了一项规定，于是，便一个个把烟头掐灭，同时对史考勃产生了好感和尊敬之情。因为史考勃没有简单地斥责他们，而是使用了充满人情味的方式，使别人乐于接受批评。对于这样的老板，有谁不乐于和他共事，拼命地工作呢？"有理也让人"，"得饶人处且饶人"，不失为一种成功的处世方式。

所谓"得饶人处且饶人"，就是让对方有个台阶下，为他留点面子和立足之地。这不太容易做到，但如果能做到，则好处多多。得理不饶人，让对方走投无路，有可能激起对方"求生"的意志。而既然是"求生"，就有可能"不择手段"，这将对你造成伤害。好比将老鼠关在房间内，不让其逃出，老鼠为了求生，会咬坏你家中的器物。放他一条生路，它"逃命"要紧，便不会对你造成伤害。对方"无理"，自知理亏，你放他一条生路，他会心存感激，来日自当图报。就算不如此，也不太可能再度与你为敌。这就是人的本能。

清朝康熙年间，桐城人张英官至文华殿大学士兼礼部尚书。他的邻居是桐城另一大户叶家，主人是与张英同朝为官的叶侍郎。两家人因院墙发生纠纷，各不相让，争执不下。于是张英的母亲张老夫人修书给京城的张英，让他帮忙，让邻居后退几尺。张英见信深感忧虑，思索片刻回复母亲道："千里家书只为墙，让他三尺又何妨？万里长城今犹在，不见当年秦始皇。"张老夫人见信感慨万分，立刻令家丁后退三尺筑墙。叶府知道此事后也很受感动，也命家人后移三尺修筑院墙。从此张、叶两家消除隔阂，成通家之谊。两家之间的巷子留给当地人通行，成为后来著名的六尺巷，传为佳话。倘若当时两家人都得理不饶人，仰仗着各家的势力相互争斗，最后的结果可能不仅是两家人结下仇怨，就连两家在朝为官的人也要受到牵连。由此可见，予人方便也是予自己方便。

得理且饶人，不仅是对别人的宽容，也是对自己的宽容。孟子曰："爱人者，人恒爱之；敬人者，人恒敬之。"事实上，许多事都是相对的，当你饶过别人，予人方便时，他日别人也会以一颗宽容的心容纳你的过失，予你方便。

得理且饶人，不仅可以收获更多的朋友，也会让你在人际的交往中更加顺利和谐，游刃有余。别人都乐意和你交往，乐意和你做朋友。

58. 即便你很优秀，也要虚心学习

所谓"木秀于林，风必摧之"。从心理学的角度来看，任何的群体都有维持群体一致性的特点。对于同群体保持一致的成员，群体的反应是喜欢、接受和优待。即使我们觉得自己在一个群体中是优秀的，也要虚心听取别人的意见，虚心学习，融入到群体中。

有时候，企业的领导者、决策者在工作中明知自己的做法或决定比起部属来并不高明，但为了保住自己在部属面前的权威和面子，仍然表现出"我就是我"的姿态，放不下架子倾听别人的建议或意见，即所谓的"自以为是"。在这种情形之下，作为部属，若是心直口快，可能要与领导争个面红耳赤。但实际生活中，我们经常看到的却是有的人在领导者的这种"自以为是"中，被调教成为唯唯诺诺的庸才，成为领导者看好的"好部属"。

甚至，企业领导者在与部属商谈工作或布置任务过程中，部属只有服从的道理，没有参与或申辩的权利，稍有不识事务者，企业领导者就不愉不悦，甚至强词夺理地胡批你一通，让你措手不及。

王某所在的工厂很大。他开始进工厂上班时，工友们都很喜欢这个小伙子。王某在工作中发现，一个小时加工 300 个部件很容易，但是，他周围的工人平均只加工 200 个，并告诉他要放慢速度，悠着点。王某心想："为什么要放慢？我喜欢多干！而且你们生产效率这么低，不是有损工厂利益吗？"

因此，他仍然坚持每小时加工 300 个部件，并认为工友们都是些懒惰、爱占小便宜的家伙！还没等他鄙视完他的工友，他就发现，工友们早已不愿意搭理他了。只要他过来，人们就停止了谈话，有时大家还笑话他！虽然他从未刻意地讨好大家，但他也把自己的产量下降到了每小时 200 个，很快，他又融入了工友之间。

从上面的这个故事，我们可以看出，王某开始的清高，让他的同伴们有意地疏远了他，他把自己孤立起来了。当他意识到这一点时，他并没有在其他方面讨好他的同伴，而只是把自己的产量降低就行了。

　　所谓"木秀于林，风必摧之"。从心理学的角度来看，任何的群体都有维持群体一致性的特点。对于同群体保持一致的成员，群体的反应是喜欢、接受和优待。而对于偏离者，群体则会厌恶、拒绝和制裁。因此，任何偏离群体的行为都有很大的冒险性。

　　总之，为了集体，为了正常社交，请放下内心的小聪明，适当地迎合大众口味，反而会赢得更多的掌声。即使自身修养已经达到一定境界，也要放下身段，向他人虚心学习，你总会发现他人的优点正是自己所缺少的。

59. 礼貌待人，谦逊客气

歌德曾说："一个人的礼貌是一面照出它肖像的镜子。"我们一定要注意自己的形象，要树立起"文明礼貌，人人有责"的观念，要学会文明礼貌，加强自身的修养，塑造健康的人格。让我们从现在做起，从自身做起，争做文明有礼貌的人。

荀子曾说："人无礼不立，事无礼不成，国无礼不宁。"就是说：没有礼貌，人就不能生存，事业就不能成功，国家就不能安定。古代学者颜元也说："国尚礼则昌，家尚礼则大，身尚礼则修身，心有礼则心泰。"可见，讲文明讲礼貌看起来是小事，实则是大事。讲究文明礼貌既是个人事业成功的催化剂，也是一个国家文明的基础和标志。

一个阴云密布的午后，突然下起了大雨。行人们纷纷躲进就近的店铺躲雨，一位老妇也蹒跚地走进费城百货商店躲雨。面对她略显狼狈的姿容和简朴的装束，所有的售货员都对她爱搭不理，视而不见。

这时，一个年轻人诚恳地走过来对她说："夫人，我能为您做点什么吗？"老妇人莞尔一笑："不用了，我在这儿躲会儿雨，马上就走。"老妇人有些心神不定，不买人家的东西，却借用人家的屋檐躲雨，似乎不近情理，于是，她开始在百货店里转起来，哪怕买个头发上的小饰物，也能使自己名正言顺地待在这里。正当她犹豫徘徊时，那个小伙子又走过来说："夫人，您不必为难，我给您搬了一把椅子，放在门口，您坐着休息就是了。"两个小时后，雨过天晴，老妇人向那个年轻人道谢，并向他要了张名片，就颤巍巍地走出了商店。

几个月后，费城百货公司的总经理詹姆斯收到一封信，信中要求将这位年轻的店员派往苏格兰，去接手一整座城堡的装潢订单，并让他承包自己家族所属的几个大公司下一季度办公用品的采购。詹姆斯惊喜不已，匆匆一算，这一封信所带来的利益，相当于他们公司两年的利润总和！当他迅速与写信人取得联系后，方才知道，这封信出自一位老妇人之手，而这位老妇人，正是美国亿万富翁"钢铁大王"卡内基的母亲。

詹姆斯马上把这位叫菲利的年轻人推荐给公司董事会。毫无疑问，当菲利打起行装飞往苏格兰时，他已经成为这家百货公司的合伙人了。那年，菲利22岁。

随后的几年中，菲利以他一贯的忠实和诚恳，成为"钢铁大王"卡内基的左膀右臂，事业扶摇直上、飞黄腾达，成为美国钢铁行业仅次于卡内基的富可敌国的重量级人物。

菲利能够得到赏识和回报，是因为他积极主动地为人服务，如果他对人态度冷漠，或者强买强卖，他可能也就丧失了这样的机会。这是一个偶然的机会，也是他热情主动的服务中蕴藏着成功的必然。

孔子说："不学礼，无以立。"就是说，没有礼貌，怎么做人呢！一个人需要有礼貌，这是做人的根本。在学校要对师长，同学有礼貌；在家里要对父母、兄弟姐妹有礼貌；在工作单位要对领导，同事有礼貌；在社会上要对陌生人有礼貌。"礼貌，从实质上讲，既是对他人的尊重，也是对自己的尊重。

唐僧，真有其人，法名玄奘，今河南偃师县人。在他的传记中有这样一段记载："年八岁，父坐于几侧口授孝经。至'曾子避席'忽整襟而起，问其故。对曰：'曾子闻师命避席，吾今奉慈训，岂敢安坐。'父甚悦，知其必成。"

这里讲了两个故事，孔子的学生曾子，当听到老师同他讲话时，他马上离开座位站起来，表示对老师的尊敬；玄奘听到父亲讲述'曾子避席'的故事后，也马上离开座位站起来，表示学习曾子，尊敬父亲。曾子是两千多年前的人，玄奘是一千多年前的人，从他们两人的事例，说明我国人民讲礼貌的优良传统由来已久。不仅要尊敬师长和父母，平辈之间也要互相尊敬。"来而不往非礼也"，只要求别人尊敬你，你不尊敬别人，这是不礼貌的。待人讲礼貌，可以概括为六个字：文雅表现在行动中就是礼让。和气就是要心平气和地同别人说话。要以理服人，不强词夺理，不恶语伤人。谦逊，就是要多用讨论，商量的口吻说话，不盛气凌人。我国封建时代的帝王"称孤道寡"，不管他真实的用意如何，但形式上至少是一种谦词。

一次，法国著名画家贝罗尼正在日内瓦湖边画画，3名英国游客刚好经过，看了他的画后指手画脚地批评起来。贝罗尼听后不但没有生气，反而将画中的不足一一改了过来，改完后还向他们说："谢谢。"那时，贝罗尼已经是著名的画家，却依然如此谦逊，令人惊讶。

把"谢谢"经常挂嘴边的人不一定是真的礼貌。礼貌是一种美德；是听从内心的自觉行为；是一种心灵的信仰，礼貌是举手投足间优雅的表现。

第十章 思路决定出路，条条大路通罗马

　　俗话说，三思而后行，说的不仅是做事情前要先考虑清楚，更意味着在做事情之前理清自己的思路。思路决定着出路，条条大路通罗马。倘若我们在做事时思路灵活，敢于尝试不同的方法，看事情时多方面，思维不僵化，在思路遇到困境时，放弃一些无意义的坚持，转变思路，标新立异，那么终能开辟出一条通向成功的路。

60. 做事要灵活，尝试不同方法

当你做某件事陷入僵局中时，千万不要放弃，要知道，很多事并不只有一种方法，也许换一种思维，换一种方法，眼前就会豁然一亮，最终定能走出僵局。因此我们做事时要灵活运用各种方法，千万不可墨守成规，而应该勇于尝试不同的方法。

很多新事物都是在不断的尝试中摸索出来的。鲁迅有一句名言："其实地上本没有路，走的人多了，也便成了路。"我们寻找道路的过程，实际上就是不断尝试的过程。在尝试的过程中，必然会面临很多的挫折，若能欣然面对失败，并且坚持自己的想法，哪怕只是为了验证这些想法并不可行，也要不断地尝试。我们只有在尝试中总结经验，才能不断进步。任何事情，浅尝辄止是不会有所成就的。

日本狮王牙刷公司的员工加藤信三为了赶去上班，急匆匆刷牙时竟致牙龈出血。他很生气，上班的路上仍是一肚子不舒服。但在心头火气平息下去以后，他便和几个要好的伙伴提及此事，并相约一同设法解决刷牙容易损伤牙龈的问题。

他们想了不少解决方法，如将牙刷毛改为柔软的狸毛；刷牙前先用热水把牙刷泡软；多用些牙膏；放慢刷牙速度等，但效果都不太理想。他们进一步仔细检查牙刷刷毛，在放大镜底下，他们发现刷毛顶端并不是尖的，而是四方形的。加藤信三想："把它改成圆形的不就行了！"于是他们着手改进牙刷。

加藤信三经过实验后，正式向公司提出了这一项改变牙刷毛形状的建议，公司很乐意改进自己的产品，欣然把全部牙刷毛的顶端改成了圆形。改进后的狮王牌牙刷在广告媒介的作用下，销路极好，连续畅销10余年之久，销售量占全国同类产品的30-40%，加腾信三也由职员晋升为科长，十几年后成为公司的董事长。

在我们日常生活中，会有许许多多的念头，这些念头，成就了许多不朽的传奇。如果李嘉诚没有看到塑料花的潜力，就没有长江实业；如果霍英东没有看到军事物资的航运市场，就没有今天的霍英东集团；如果杨致远没有看到网络市场的潜力，就不会有今天的雅虎……生活中有太多太多的如果，可真正被人抓住的又有几个？

两个工作不顺心的年轻人向师父请教："师父，我们在办公室被欺负，太痛苦了，我们是不是该辞掉工作？"两个人一起问。

师父闭着眼睛，吐出五个字："不过一碗饭。"之后挥挥手，示意两个年轻人下去。

两人回到公司，一个人立刻就递上了辞呈，回家种田，另一个什么也没做。

转眼十年过去了。回家种田的年轻人以现代方法经营，加上品种改良，成了农业专家。另一个留在公司年轻人的，他忍着气，努力学了，渐渐受到器重，成了经理。

有一天，两个人遇到了。

"奇怪，师父给我们同样的五个字，我一听就懂了。不过一碗饭嘛，日子有什么难过，何必硬待在公司，所以我就辞职了。"农业专家问另一个人："你当时为何没听师父的话呢？"

"我听了啊。"那经理笑道："师父说不过一碗饭，多受气，多受累，我只要想不过为了混碗饭吃，老板说什么是什么，少赌气，少计较，就成了，师父不是这个意思吗？"于是，两个人又去拜望师父，师父已经很老了，仍然闭着眼睛，答了五个字："不过一念间。"

你或许听说过这个故事，可能你会把它当成一个笑话，因为类似的笑话或寓言太多了。但是，如果你再仔细品味一下"不过一念间"这五个字时，你会从中悟出很多……

一个人陷入某种定势思维大都是不自觉的，而要摆脱和突破这种定势思维的束缚，常常需要自觉地付出努力。因此，当我们的思维活动遇到障碍，陷入困境，难以再继续下去的时候，往往都有必要认真检查一下：我们的头脑中是否有某种定势思维在起束缚作用？我们是否应该换个角度去看问题了？换个思维，也许就可以灵活运用各种方法。

美国科普作家阿西莫夫从小就聪明，年轻时多次参加"智商测试"，得分总在160分左右，属于"天赋极高者"之列，他一直为此洋洋得意。有一次，他遇到一位汽车修理工，修理工对阿西莫夫说："嗨，我来考考你的智力，我给你出一道思考题，看你能不能回答正确。"阿西莫夫点头同意，修理工便开始说题："有一位既聋又哑的人，想买几根钉子，来到五金商店，对售货员做了这样一个手势：左手两个指头立在柜台上，右手握成拳头做出敲击的样子。售货员见状，先给他拿来一把锤子，聋哑人摇摇头，指了指立着的那两根指头，于是售货员就明白了，聋哑人想买的是钉子。聋哑人买好钉子，刚走出商店，接着进来一位盲人。这位盲人想买一把剪刀，请问：盲人将会怎样做？"

阿西莫夫顺口答道："盲人肯定会这样。"说着，伸出食指和中指，做出剪刀的形状。汽车修理工一听笑了："哈哈，你答错了吧！盲人想买剪刀，只需要开口说'我买剪刀'就行了，他干吗要做手势呀？"

智商160的阿西莫夫，这时不得不承认自己确实是个"笨蛋"。而那位汽车修理工人却继续说："在考你之前，我就料定你肯定要答错，因为你受的教育太多了，不可能很聪明。"

修理工所说的"你受的教育太多了，不可能很聪明。"并没有批判的意思，而是因为人的知识和经验越多，就越会在头脑中形成较多的思维定式。

61. 僵化思维要不得

所谓思维定式，就是按照积累的思维活动、经验教训和已有的思维规律，在反复使用中形成的比较稳定的、定型化的思维路线、方式、程序、模式。定势思维有时有助于问题的解决，有时会妨碍问题的解决。

定势是指我们在从事某种活动前的心理准备对后面所从事的活动的影响。我们在一定的环境中工作和生活，久而久之就会形成一种固定的思维模式，使我们习惯从固定的角度来观察、思考事物，以固定的方式来接受事物。

有一天，我跟堂妹在家加班忙一个项目方案，突然停电了。打电话到物业去，被告知要停电24小时。听到这个消息，我们一方面为不能加班写方案而感到遗憾，另一方面又觉得这些天太忙了，难得的清闲要抓住。

这时候，只听到堂妹做了个深呼吸，然后轻松地对我说："今天晚上难得不工作，那就看一晚上电视吧！"我一听，觉得是个好主意，好久没看电视了，今天难得清闲。但一回想，不对啊！没电用电脑，哪有电看电视。一时间，我才发现原来自己的思维已经深深地被一种无形的东西套住了——足不出户的忙碌让我们仅有的娱乐活动变成了看电视，于是，便出现了这种笑话。这就是一种思维定式。这种规律性的思维束缚了我们的大脑。

确实，我们有时想问题，总是按照之前的经验或既定的方式去思考，缺乏变通，不能从另一个角度重新审视。我们太重视经验和习惯，而缺乏新的问题解决思路。

当然，经验对我们的生活和工作的帮助是巨大的。我们常常会运用已有的经验快速地解决一些问题，它可以省去许多摸索、试探的步骤，缩短思考时间，提高效率。在日常生活中，思维定式可以帮助我们解决每天碰到的90%以上的问题。然而，经验有时候又会让你犯一些错误，为你制造一些困难。

要培养创新能力，平时就必须培养自己的发散思维。对于一个问题，找出的答案越多越好。在一个问题的所有答案中，努力寻找出思维的创造性成分。比如，在思考一支铅笔的用途时，你至少可以得出这样的答案：写字、绘画、当发簪、做书签、当尺子画线，它削下的木屑可以做成装饰画，在遇到坏人时，削尖的铅笔还能作为自卫的武器……千万不要以为铅笔只有写字一种用途。

一位企业家为一群商学院学生讲课。站在那些高智商、高学历的学生面前，他说："我们来做个小测验。"他拿出一个1加仑的广口瓶放在桌上。随后，取出一堆拳头大小的石块，仔细地一块块码进玻璃瓶里。直到石块码到了瓶口，再也放不下了，他问道："瓶子满了吗？"所有学生回答道："满了。"企业家反问："真的？"

他伸手从桌下拿出一桶砾石，倒了一些进去，敲击玻璃瓶壁使砾石填满下面石块的间隙。"现在瓶子满了吗？"他第二次问。这一次学生有些明白了："可能还没有。""很好！"企业家说。

他伸手拿出一桶沙子，慢慢倒进玻璃瓶中。沙子填满了石块和砾石之间的缝隙。他又一次问学生："瓶子满了吗？""没满！"学生们大声说。他再一次说："很好。"然后，他拿起一个水壶往瓶里倒水，直到水面与瓶口持平。

我们总以为瓶子满了、满了，是因为我们一直在用最简单最直白的定势思维解决问题。其实，换个角度看问题，有时候并没有我们想象的那么难。

62. 放弃那些无意义的坚持

世人或多或少的都会背上一些本来不该背的包袱。这些包袱把我们压得很沉重，很苦闷，总有一天，它会把我们压垮。有些时候该放下的就放下。也许放弃那些无意义的坚持，反而能获得意想不到的收获。

同事的住房比你的大，朋友孩子的学习比你的孩子好，甚至邻居家的电视机比你们家的大……这些包袱把我们压得很沉重。但事实上，这些包袱都是毫无意义的。

一位在科研部门工作的朋友，因为职称上的事很苦恼很委屈，打电话来向我述说。

我耐心地听他把委屈讲完，对他说："如果你肯听我一句劝告的话，你就不会这样苦恼了。"他说："劝我是没有用的，因为这实在是太不公平了……不过，我倒要听听你想说什么。"

我调整了一下自己的情绪，然后慢慢地告诉他："佛说：放下！"

"佛说：放下！"他显然是被这话击中了，情绪大变，电话里传来他下意识的喃喃声。

之后，他忽有所悟地叫道："对呀，放下，好，放下。"

此后，他轻松了，不再说职称上的事，每有电话打来，都会告知我他那个研究课题的进展。

不久前，在一次聚会时碰上他，闲聊中，顺便问了他职称上的事，他淡淡地说："早解决了。"

我们想要控制的东西，却控制了我们的人生。太执着，你的所有的想法和行动都会围绕着执着的对象，自己的人生反而会被控制。

佛经里一个著名的故事：

有两个和尚要渡河，在河边，他俩看到一个女子望着脚下的流水发愁。

这时，有一个和尚便走上前去，对那个女子说："别发愁，我背你过河吧。"

这个和尚把那个女子背过河去后，那个女子说了句感激的话后就走了。

那女子走了之后，这两个和尚继续赶路。

那个没背女子过河的和尚很不满意地对那个背女子过河的和尚说："你太不像话了，佛门弟子，不近女色，这是咱们出家人最基本的一戒，你不会不知道吧。可你竟然把她背过那条大河，你呀，你呀，你原来是一个花和尚呀！"

那个背女子过河的和尚听了大为诧异："我早就把她放下了，你还没有放下呀！"

瞧，这就是放下。

这个放下，你可以把它理解为是一个具体的动作，也可以把它理解为是一个抽象的概念。当然，更应该把它理解为一种心理上的精神上的行为，以及一种人生方式和生活态度。

所以人不能太执着，要勇于并善于放弃。放弃其实就是一种选择。走在人生的十字路口上，你必须学会选择适合自己的道路。面对失败，你必须学会放弃懦弱；面对成功，你必须学会放弃一切空洞的虚名妄利。在人生的大道上，一个人要懂得选择，选择你自己喜欢的并擅长做的事情。只有当你找到自己的人生坐标时，你才能够充分发挥自己的聪明才智，从而改变自己的命运，达到成功的彼岸。正所谓有舍才有得。没有勇气舍掉的人，是难于得到的。舍掉的勇气与得到的成功是成正比的。

《福布斯》中国富豪榜排名第一位，个人资产总计达到83亿元的希望集团的刘氏兄弟，在最初创业时，个个都不缺乏野心和雄心。与一般的创业者不同，刘氏兄弟一开始就悟透了"舍得"二字。

运气偏爱敢于放弃的人。刘氏四兄弟刘永言、刘永行、刘永美、刘永好，本来都在国家企事业单位，都有一份好工作。他们没有像大多数有条件的创业者那样脚踏两只船，随时做着创业失败后的准备。他们置之死地而后生，辞掉工作一心创业，所以能够勇往直前。从孵小鸡、养鹌鹑开始，他们根据实际情况随时扩张创业项目，一直发展到搞饲料、搞电子、房地产、金融和资本运作，多角经营，多管齐下，终成大业。

刘氏四兄弟在当时都有着很好的工作，如果他们满足于这些而不敢放弃，恐怕就没有今天的中国首富了。

坚持理想固然值得鼓励，当理想不接近现实时，就要选择性地放弃。换个理想、换个思维、换种模式，可能就提高了实现理想的几率。不要过于执著，死心眼，换个生活方式，也许你会轻松得多，快乐得多。

63. 转变思路，标新立异

一个新的方法，可能给你带来新的收益。我们经常说，方法总比问题多，但是想出一个新的方法却总是要伤透脑筋。大多数时候，我们懒得去想一些新办法，而喜欢沿用前辈们的经验，喜欢使用一些稳妥的、已经实施过的方案。这就容易让我们形成一种惯性思维，按固定的思路去想问题，而不愿意换个角度、换种方式去想，拘泥于某种模式。这样不仅不利于问题的解决，更限制了我们的创新能力。

法国心理学家约翰·法伯曾经做过一个著名的实验。他把许多毛毛虫放在一个花盆的边缘上，使其首尾相接，围成一圈。在花盆周围不远的地方，撒了一些毛毛虫喜欢吃的松叶。

毛毛虫开始一个跟着一个，绕着花盆的边缘一圈一圈地走。一小时过去了，一天过去了，又一天过去了，这些毛毛虫还是日以继夜地绕着花盆的边缘转圈，一连走了七天七夜，最终因为饥饿和精疲力竭而相继死去。

其实，如果有一个毛毛虫能够破除尾随的习惯，转一个方向觅食，就完全可以避免悲剧的发生。后来，科学家把这种喜欢跟着前面的路线走习惯称之为"跟随者"的习惯，把因跟随而导致失败的现象称为"毛毛虫效应"。

这个效应告诉我们，盲目跟随他人不一定有好结果，我们的生活需要创造力。创造力是指产生新思想，发现和创造新事物的能力。

只踏着别人的脚印走，永远不能发现新的路。要想打破常规、出奇制胜，需要克服固有的传统意念束缚，展开思维的翅膀。在业务经营当中，也应该把突破束缚、创新思维放在首要位置。

教授向学生提出个问题："对面山上有一座金矿，许多人都想过去挖宝，无奈眼前有条河流挡住了去路，你怎么办？"学生们的答案五花八门：有人说，找船划过去；有人说，游到对岸去；也有人说，从别处绕过去。教授说："你可以做租船的生意呀！因为对面有金矿，想发财的人很多，赚那些想发财的人的钱不是一样可以致富吗？"

我们正处在一个不断改革、创新的时期，当“循规蹈矩”收效甚微时，不妨逆向思考、独辟蹊径。要善于不按常规出招，敢于想人之所未想、为人之所未为，你就有可能克敌制胜、领先一步。

64．大路不通，就走小路

很多时候，摆在人们面前的并不是一条平坦的大道，沿着眼前所摆的路走下去，无疑会走向绝望的困境。这时我们就需要放弃眼前的大路，换一条可以摆脱困境的小路，也许，小路最终也会变成功的道路。

有个小男孩在马戏团做童工，负责在马戏场内叫卖小食品。但每次看马戏的人不多，买东西吃的人更少，尤其是饮料，很少有人问津。这下可怎么办呢？没人买东西，意味着他的收入惨淡。

有一天，他产生了一个想法：向每个买票的人赠送一包花生，借以吸引观众。老板不同意这个"荒唐的想法"，他就用自己微薄的工资作担保，恳求老板让他试一试，并承诺，如果赔钱就从他自己的工资里扣，如果赢利自己只拿一半。于是，马戏团外多了一个义务宣传员的声音："看马戏，买一张票送一包好吃的花生！"在他不停地叫喊声中，观众比往常多了几倍。

观众们进场后，他就开始叫卖起柠檬水等饮料。绝大多数观众在吃完花生后觉得口干，都会买上一杯，一场马戏下来，他的收入比以往增加了十几倍。

这个小男孩发现传统的销售方法不管用的时候，他换了一种销售方法，先免费赠送花生，再引导观众们买他的汽水。这种方法无意间就推动了他的销售。如果他总是用常规的方法，被动地等待客人来买饮料的话，他的工作状况肯定得不到任何改观。

不要担心自己生来就不聪明，或是认为自己不如人。创造性思维是可以后天习得的，正如卓别林所说："和拉提琴或弹钢琴相似，思考也是需要每天练习的。"创造性思维可以让你的生活更有滋味，并能让你产生激动人心的顿悟。

曾经有一个年轻人，大学读书时成绩优异，办事能力也不错。但没想到，毕业的时候，踌躇满志的他却被分配到了一个小工厂里当普通员工。

在那个小工厂里，他每天朝九晚五上下班，工作没有压力，也缺乏激情，他非常羡慕那些在外企和大型国企上班的同学，憧憬着有一天自己也能加入他们的行列……于是，他整天琢磨哪儿更好、更适合自己，并开始着手调换工作，对自己的工作更不当回事儿了。

时光荏苒，转眼两年过去了。他自己的本职工作做得一塌糊涂，调动工作的事也没有丝毫进展。他迷惘了，不知道自己的计划到底出了什么问题。

有一天，厂里开运动会，大伙儿像赶集一样涌向了运动场。一时间，小小的运动场四周挤满了人，形成了一道密不透风的环形人墙。

他去晚了，被厚实的人墙阻隔在外面。他环顾四周想找个缝隙钻进去，却看见一个矮小的男孩正一趟一趟忙着搬砖头：他不断从远处搬来砖头，一块又一块地垒砌着砖台，在垒到半米高时，纵身往上一跳，便站在了人群的最高处。霎时，他的心被震撼了。想要越过密密的人墙看到精彩的比赛，就和想要越过重重阻挡找到满意的工作一样，要先在自己脚下多垫些砖头，这是多么简单的事儿啊！

从此，他换了一个全新的角度来审视自己：自己有很多优势，组织能力很强，本职工作也和所学专业对口……于是，他不再东奔西走寻找调换工作的机会，而是满怀激情地投入到当下的日常工作中。在一步一个脚印的努力中，工作很快就有了成绩。

成长需要付出，要想取得优异的成绩，就要不断创新、打破传统工作或学习模式，付出常人的几十倍的思考和努力。不要只顾着羡慕别人的优越，自己也要选择适合自己的努力方式，这样，结果就会事半功倍。

65. 不做痴情人，该放手就放手

握得紧并不代表你已经拥有。你的世界是你开辟出来的，是以你为核心而存在的。你只需要摊开手掌，慢慢欣赏就好。怀着平和的心态，淡看世间的得失，让紧缩的心舒张开来，对着世界大声的喊："我不怕失去，因为我不会失去。"

在追求理想的道路上，我们绝不要轻言放弃，可是面对残酷的现实，有时候我们不得不学会放手。我们不可能得到自己想要的任何东西，放弃沮丧时的坏心情，放弃没有把握住的一次面试，放弃无法完成的事情，放弃一切对自己不利的东西……无谓的执着只会给自己带来无尽的痛苦，增加心理的负担。选择放弃，才能使人释然，令人豁达！

在历史上，很多人把毕生的精力投入到对永动机的研究上，结果浪费了大量的人力物力。因此，在没有科学根据的前提下，应该学会放弃。

早年的牛顿是永动机的追随者。在进行了很多的实验之后，他很失望，很明智地退出了对永动机的研究，在力学研究中投入了更大的精力。最终，许多永动机的研究者默默而终，而牛顿却因摆脱了无谓的研究，在力学方面取得了卓越的成果。

在人生的每一个关键时刻，我们都应该审慎地运用智慧，做最正确的判断，及时检阅选择的角度，选择正确的方向。放掉无谓的固执，冷静地为自己的人生做一个正确的选择。每次甩脱固执的抉择将指引你走在人生的大道之上。

生活中有太多的东西需要我们抓在手中。工作、房子、爱情、婚姻、孩子，等等。我们是自己的守护者，要日夜警惕，把这些象征着幸福的东西牢牢抓住了。

事业、爱情、婚姻、房子、车子、孩子、朋友……好不容易才拥有了这些幸福的条件，怎能让他们流走。你害怕打开手掌，你害怕他们并不是自愿跟随你的，你害怕自己一无所有。所以，你握紧了手，用尽心力和各种手段。不管任何时候，都不敢有丝毫的松懈。

但是，握得紧就是拥有吗？以爱情为例，在分手的千万个理由中，有一条不可忽视，那就是自由的呼吸的空间。你害怕失去爱情，就把对方看得很紧——能跟着就跟着，不能跟着就用电话追踪；什么事情都要汇报；除了你之外，最好不要有任何接触异性的机会……这样做，也许能保证一时的心心相印、形影不离，但是时间久了，可能会彻底失去对方。爱情是很重要的情感需求，但并不是生活的全部。每个人都需要有多个维度的生活，比如工作，比如爱情，比如朋友。你把对方限定在你的圈子内，就好像用铁笼困住一头野兽。你看得越严、抓得越紧、失去得越快。

你好不容易找到一份工作，特别满意。既是自己的兴趣所在，又工资高待遇好。你是这样在乎，所以任何时候不敢有丝毫的松懈，唯恐一眨眼就没了。你事事抢风头，你连夜加班，你提出尽可能多的方案，你把能想到的事情都做了。这样，自然获得了公司的认可。但是你不是铁人，如此高强度的操劳，你很快就累了。凡事都看得淡然一点，为人自信一点。是你的就是你的，不用费尽心力去抓紧；不是你的就不是你的，你再去努力抓住也不会得到。

66. 换个角度想问题，坏事也能变好事

人们在复杂的社会中奔波，每天接触着形形色色的人与事。如果我们不换换眼光，而总是以某种思维定势来评判谁是谁非，在看别人和看自己时下意识地固守原有的思维模式，那么，就会严重影响我们对自身、对别人及对社会的正确认识。有时，换个角度想想，坏事也就变为好事了。

换个角度想问题，犹如夏日凉爽的清风散去你烦躁压抑的心情，犹如一盏灯塔，照亮你黑暗迷茫的道路，你会感到杜甫"会当凌绝顶，一览众山小"的豁达情怀，你会悟到刘禹锡"沉舟侧畔千帆过，病树前头万木春"的乐观心胸的真谛。

卢琪隆（Henry Lu），毕业于中国台湾科技学院电子系。1986 年，他和徐祥、游贤能、黄金请、林文通一起创立了微星科技股份有限公司。《电脑报》的编辑邀请他为"英雄会"栏目写点东西，他写道：他从创业至今，经历了这么多风风雨雨，感触最深的一点就是"凡事换个角度，坏事也能变成好事"。

1981 年卢琪隆大学毕业后，去了中国台湾的索尼分公司，做研发。当时，公司做研发的一共有五个部门：企划、PC 部门、显示器部门、电视部门和音响部门，他被安排在显示器部门。后来，PC 部门需要他所在部门的人去配合，于是，卢琪隆又到了 PC 部门工作。要知道，上世纪 80 年代，索尼的电视不仅在中国台湾，在全球都非常受欢迎，而 PC 部门那个时候是"清水衙门"，逊色得多。1985 年，中国台湾的索尼公司决定彻底放弃 PC，于是他"光荣地下岗了"。

常言道，上帝为你关上了一扇门，一定会为你打开一扇窗。

正是由于在索尼的这段经历让卢琪隆认识了当时 PC 部门的徐祥、游贤能及黄金请、林文通，而他们五个正是微星最早的五位"元老"。索尼的一条流水线把他们五个联系在了一起，"逐客令"又让他们同病相怜。

有一次，卢琪隆的一个同学带他们到一家很牛的主板公司参观，卢琪隆和

徐祥回去后就有了做主板的想法。1986年8月，微星正式成立。徐祥是总裁，卢琪隆、游贤能、黄金请、林文通是副总裁。

2001年3月1日，微星和大陆总代理捷元彻底分道扬镳，那段时间对微星来说确实很难，但卢琪隆相信凡事有弊必有利。和捷元正式分手之后，卢琪隆22天跑了19个城市。每次到一个城市都要请客户吃个午饭，解释下和捷元的问题，然后又赶快跑下一个城市。平均每次见10个人，22天见了200多人。那段时间，他跑遍了大半个中国。最后局势彻底被扭转了。

张海迪说过："在艰难困苦中我曾多次要放弃，但我每天又小心翼翼地把生命拾起来。"多么透彻的一句话呀。身体上的残缺曾是她的黑暗世界，一切冰冷冷的，透着煞人的阴风，可她却换了个不同的角度思考，走出冰封的世界，进入五彩纷呈的文学世界，在那里找到了自我展示的舞台。

烈日，沙漠。两个焦渴疲惫的旅人，取出唯一的水壶摇了摇。一个旅人说："哎呀，太糟糕了，我们只剩半壶水了！而另一旅人却高兴地说？是吗？真幸运，我们还有半壶水！"其实，人生中的好多事就像那半壶水一样，换个角度，就有了不同的心情、不同的答案。

恼人的雨水冲洗下的绿叶会如此纯粹鲜灵；无名无香的野花小草也自有一份平凡的生机与美丽；生命中的挫折也可以变成使人成长的营养；失败也可以是人生旅途中醒目的坐标…… 换个角度吧，生命会展现出另一种美。

爱迪生为了寻找适合做灯丝的材料，进行了1000多次实验，当有人嘲笑他的失败时，他却自豪地说："我已发现了1000种材料不适合做灯丝！"这样的胸襟，这样的气度，这样的智慧，真让人拍案叫绝。而这一切，不正是源于爱迪生与众不同的思考角度吗？

换个角度看世界，需要我们有推翻成见的勇气和别出心裁的智慧。一个普普通通的苹果，所有的人都规规矩矩地纵向剖开，而一个五岁的小女孩却固执地横向切开了，她闪亮的大眼睛发现了苹果里的星星！

为什么常常是孩子们发现的乐趣呢？为什么孩子们眼中的世界总是那么新鲜、有趣呢？我想正是因为孩子的"无知"才造就了他们的慧眼，才使他们有探索世界的勇气和热情。而我们是否也可以从中得到些许启迪呢？

第十一章

天道酬勤，『金饭碗』就是到哪里都有饭吃

　　韩愈曾说过："业精于勤而荒于嬉"，这句名言在我们现时代的社会中更为实用。这是一个高学历人才膨胀的社会，那种一毕业就能端到"金饭碗"的时代已经永远消逝了，因此，我们要以"勤"来为自己赢得"金饭碗"。现在多吃点苦，是为了明天的幸福。

67. 吃苦是为了明天的幸福

"宝剑锋从磨砺出，梅花香自苦寒来。"能吃苦方能成功！让我们学习"特别能吃苦"的航天精神，走成功的人生之路！

在计划经济时代，一些没有做成事的人常常用"没有功劳，也有苦劳"来为自己辩解。不管成果如何，只要你付出了努力，人们也会看到你的兢兢业业。

但是，如今的社会以效率为先，靠业绩说话。不管你多么辛苦，不管你多么忙碌，如果你缺乏效率，没有业绩，那么一切辛苦皆是白费，一切付出均没有价值。只有成功，你经历的苦难才有价值。这是一个靠业绩说话的时代，在这个时代，只有功劳，没有苦劳。

曾是瀛海威信息通讯公司总裁的张树新，在向股东大会提出辞职时说："过去三年瀛海威全体员工一起，经历了不少的磨练，几乎犯过这个行业所能犯的所有错误，这对业界和整个信息产业都是一笔财富。"但她同时又说："尽管我们吃了很多苦，付出了很多感情，尽管我们依然自认为很优秀，可我们毕竟没有赢。胜者为王，市场是残酷的。"她的话道出了"竞争时代，崇尚强者"的道理。你要想让你的辛苦和努力有所回报，你就必须成功。

竞争时代，以结果为标准，不问过程。虽说商业时代只有功劳，没有苦劳，可是不经历苦劳，也无法收获成功。天上不会掉馅饼，世上没有白吃的午餐。即使侥幸得到这些，也不能称之为成功，那叫做运气。而运气是靠不住的，所以，那个"守株待兔"的农夫，只好因庄稼荒芜而饿着肚子。

一次，有人问我的朋友曹某：当初创业时有什么感觉，苦不苦，累不累。他当时回答说：是苦一点，累一点，但现在想起来也没什么，只觉得挺好玩的。他之所以感到挺好，并为此感到快乐，最主要的是他取得了成功，成功化解了他当初所经历过的辛苦。如果他中途放弃，或没有取得成功，那他决不会是现在这种回答。所以，成功是消除痛苦的最好解药。

哲人也曾说过，机遇总垂青那些刻苦的人。但绝大多数人都只能在困苦中度过一辈子。能吃苦是一个人能否生存在这个世界上的必备素质，但走向成功不只是靠能吃苦，你还要有追求成功的愿望，要敢于跻身高强度的岗位参与竞争。

孟子说："天将降大任于斯人也，必先苦其心志，劳其筋骨，饿其体肤，空乏其身，行拂乱其所为，所以动心忍性，增益其所不能。"这不仅是体现在生活中，更体现在我们的做人做事中。

有一个时期，我学过作诗填词。自以为写得不坏，于是就把这些作品拿给一位精于诗词的朋友看，请他指正，他仔细看了后，坦白地和我说："你的诗词未尝不能做。"我问他："毛病在哪里？"他说："你的诗词太过于容易，你喜欢取巧，耍小聪明。听了这话，我起初有些不服，后来才恍然大悟，那位朋友批评我的话真是一语中的。洗炼推敲要吃苦费力，要字斟句酌地研究。我从中得到教训，觉得不仅在文艺方面，立身处世的任何方面，贪懒取巧都不会有大成就，要有大成就，必定要朝抵抗力最大的路径走。

历史上许多伟大人物之所以伟大，大半都靠坚强的意志力，肯向最困难的方向走。例如孔子，他有改革世界的抱负和理想，才牺牲一切拼命去改革。干脆地说："天下有道，丘不与易也。"再如耶稣，经过了四十昼夜的挣扎，他决定了走最困难的路——上帝的路。

生命就是一种奋斗，不能奋斗，就失去生命的意义与价值；能奋斗，世间就没有不能征服的困难。

68. 努力把自己的业绩提上去

业绩是一个人的工作能力赤裸裸的外在表现，很多时候甚至和我们的收入挂钩，因此提高业绩毋庸置疑是重要的。提高业绩首先需要我们有竞争意识，这就需要我们不断地提升自己，同时全身心的投入工作中。

自然界有优胜劣汰的原则，这是自然界赤裸裸的搏杀，因为倘若不能提高自己，强过别人，那么你付出的将是生命的代价。

在 20 世纪 70 年代，欧美一些未来学家曾经预言：当人类跨入 21 世纪时，每周的工作时间将压缩到 36 小时，人们将会有更多的时间提升自我，休闲娱乐。但当历史的脚步真的迈入 21 世纪时，人们却惊讶地发现，相当多的人每周工作时间在无限延长，甚至超过了 72 小时。工作时间过短的人渐渐被市场无情地淘汰和抛弃了，而那些每周工作时间在不断延长的人们，则愈加发奋地"提升"自我。

这是一个竞争激烈的时代。在这个世界上，如果你不努力学习，适应社会，那么你将被社会所淘汰。你要想不被社会所淘汰，你就必须用"淘汰自己"的精神是夫学习。

远大空调集团总裁张跃，拥有资产 2 亿美元以上，但他 1989 年创业时只有 25 岁。张跃的座右铭是："要孜孜不倦地追求知识。这里不是指那种很刻板的知识，还包括生活方式的认知和品位、感受，这是决定一个人是否幸福的重要方面。要在知识中找到美感，学会享受。"

拥有全国政协委员、全国民营企业家杰出代表头衔的刘汉元，是通威集团总裁。他经过 18 年的创业，使一个企业成为了国内最大的水产饲料及主要畜禽饲料的生产商。他所在的集团拥有四千名员工，正在向世界水产业霸主地位前行。2002 年，他被《财富》杂志认定为全球 40 岁以下最成功的商人——在亚洲仅有 13 人获此殊荣。作为一个如此规模企业的老板，刘汉元的时间是非常紧张的，他的办公桌上总是摆满了各种各样留给他批阅的商务文件。然而，不管再忙，哪怕身处天涯海角，每月的月底他都要飞到北京大学参加 EMBA 班的学习。

没有稳定的工作，只有稳定的能力。当今社会，一切均在不断的发展变化之中，而且发展变化的速度不断加快。那些大老板尚且如此，我们这些凡人有何不能呢？"充电"已成为一个时代的名词，想在 35 岁以前成功的人，不断地学习吧。"不是我不明白，这世界变化快。"要想适应这个世界的变化，跟上这个社会的变化速度，必须努力学习，而且要学会学习的方法。所以，学习能力是一个成功者必须具备的能力，是未来新一代成功人士的第一特质。

用心工作是一个人自身素质的具体体现，扎实做事是工作作风的重要标志，也是提高自己的业绩所必须的。

1. 要从点滴入手，用心用脑。作为一名企业员工，一定要坚持用心工作，认真细致不马虎，用心落实，精益求精不草率，切实做到"忠、严、细、实"，用心用脑，点滴入手，全面考虑，细致操作。扎实做事就是要树立良好的做事态度和风格，凡事要堂堂正正、光明磊落、尽心尽力、尽职尽责，不能拈轻怕重，好高骛远，成为小事不想做，大事又做不了的人。要想成就一番事业，必须从小事做起，从点滴做起，才能成就大事业。

2、要勤于思索，善于动脑。一方面我们要勤奋工作，认真负责。作为一名企业员工，一定要把心思用在本职工作上，爱岗敬业，以高度的责任心、使命感和进取精神做好自己份内的工作，集中精力把业务弄通弄懂，成为行家里手，卓有成效地开展工作。对工作漫不经心，当一天和尚撞一天钟，好高骛远，见异思迁，是不能成就一番事业的。因此无论干任何工作一定要专心，只有专心才能用心用脑，也才能在本职岗位上有所作为。另一方面我们要抓好落实，注重细节。周恩来曾说过：关注小事，成就大事。抓不抓落实、如何抓落实、能否抓好落实，反映出来的是素质和觉悟，体现出来的是作风和意志，检验出来的是能力和水平。做任何工作一定要肩负责任、赋予感情、努力追求，着力使每一项工作都能落实到位，塑造培养一种不完成工作任务不收心，不实现工作目标不撒手的良好品格作风。

3. 要尽心尽力，尽职尽责。人的能力有大小，优点缺点也有差异，但关键是看能不能用心做事，能不能尽力而为。就工作而言，关键要发挥自己的最大限度和工作极限。就其岗位职责来讲，岗位有岗位的要求，既然你选择了这一岗位，岗位上的杠铃再重，你也要想方设法去完成，能力不具备，就要千方百计的学习提高，积极争取适应岗位。

　　因此每一名员工要做到尽心尽力、尽职尽责，就要认真履行岗位职责，自觉克服"三种行为"即：懒惰行为、无所事事行为、消极怠工行为。虽然这些表现只是在个别同志身上存在，但我们也要引起足够的重视，从而培养良好的职业道德、社会公德，真正成为企业的有用之才。

69. 老板喜欢踏实能干的员工

踏实能干的员工是那些干别人不愿干的事情的人，是那些在能干的基础上踏实肯干的人，是那些在掌握了一定能力之后不骄不躁的人，是那些高效率工作的人，也是那些做事有计划的人，这些踏实能干的员工最得老板的赏识。

日本最成功的企业家之一松下幸之助说："我小时候当了7年学徒，在老板的教导之下，不得不勤勉学艺，也不知不觉养成了勤勉的习性，所以他人视为辛苦困难的工作，我却不觉得辛苦，甚至有人认为'太辛苦'的工作，在我看来，只不过是认真工作而已。在我的青年时代，始终被教导要勤勉努力，此乃人生一大原则。但是这个社会，对有勤勉努力习性的人不太尊重，也不认为他很有价值，因此，我认为应该无所顾忌地提升对具有这种良好习性者的评价，这样才能肯定他们的价值。"

不管哪种工作，都有三个境界——能干、肯干、崭露头角。境界不同，在职场中的发展潜力也不可同日而语。能干是合格员工最基本的标准，肯干则是优秀员工最基本的态度。一个人要想成功，必须在平凡的岗位上踏实肯干，才能实现由平凡到卓越的蜕变。

一个刚刚步入社会参加工作的年轻人，最深刻的感触莫过于工作的平凡、琐碎。看着那些资历比自己老的员工整日悠闲得在那里一杯茶一张报就是一天，你是不是会心生不平呢？你可能觉得成功遥不可及，其实并不是这样。成功很简单，就看你愿不愿意在平凡的岗位上任劳任怨、积蓄力量，在自己展翅高飞前做好助跑工作。

能干工作、干好工作是职场生存的基本保障。任何人做工作的前提条件都是他的能力能够胜任这项工作。一个职位很多人都是能胜任的，都有干好这份工作的基本能力，然而，能否把工作做得更好一些，就要看你是否具有踏实肯干、苦于钻研的工作态度了。

1. 干别人不愿干的事情

20世纪70年代初，美国麦当劳总公司看中了台湾市场。正式进军台湾之前，他们要在当地先培训一批高级干部，于是公开进行招考甄选。由于要求标准颇高，许多初出茅庐的青年企业家都未能通过。

经过多轮筛选，一位名叫韩定国的公司经理脱颖而出。最后一轮面试前，麦当劳的总裁和韩定国夫妇谈了3次，并且问了韩定国一个出人意料的问题："如果我们要你去洗厕所，你愿意吗?"韩定国还未开口，一旁的韩太太便随意答道："我们家的厕所一向都是他洗的。"总裁大喜，免去了最后的面试，当场录用了韩定国。

后来韩定国才知道，麦当劳训练员工的第一堂课就是从洗厕所开始，因为服务业的基本理论是"非以役人，乃役于人"，只有先从卑微的工作开始做起，才有可能了解"以家为尊"的道理。韩定国后来之所以能成为知名企业家，就是因为他一开始就愿意干别人不愿干的事情。

2. 高效率的工作

一个人成功的欲望再强烈，也会被小毛病阻碍了前进的路。思想决定行为，行为形成习惯，习惯决定性格，性格决定命运。你要想成功，就一定要养成高效率的工作习惯。

确定你的工作习惯是否有效率，是否有利于成功，我觉得可以用这个标准来检验：如果你应该做的事情没有做，或未做完，并经常为此而感到焦灼，那就证明你需要改变工作习惯，找到并养成一种高效率的工作习惯。

了解你每天的精力充沛期。通常人们在早晨9点左右工作效率最高，可以把最困难的工作放到这时来完成。

每天集中一、两个小时来处理手头紧急的工作，不接电话、不开会、不受打扰。这样可以事半功倍。

立刻回复重要的邮件，将不重要的丢弃。若任它们积累成堆，反而更费时间。

做个任务清单，将所有的项目和约定记在效率手册中。手头一定要带着效率手册，帮助自己按计划行事。一个人一天的行为中，大约只有5%是属于非习惯性的，而剩下的95%的行为都是习惯性的。

学会高效地利用零碎时间，用来读点东西或是构思一个文件，不要发呆或做白日梦。

减少回电话的时间。如果你需要传递的只是一个信息，不妨发个手机短信。

对可能打来的电话做到心中有数，这样在你接到所期待的电话后便可迅速找到所需要的各种材料，不必当时乱翻乱找。

学习上网高效搜寻的技能，以节省上网查询的时间。把你经常要浏览的网站收集起来以便随时找到。

用国际互联网简化商业旅行的安排。多数饭店和航线可以网上查询和预订。

只要情况允许就可委派别人分担工作。事必躬亲会使自己疲惫不堪，而且永远也做不完。

做灵活的日程安排，当你需要时便可以忙中偷闲。例如，在中午加班，然后早一小时离开办公室去健身，或是每天工作 10 个小时，然后用星期五来赴约会、看医生。

在离开办公室之前列出次日工作的清单，这样第二天早晨一来便可以全力以赴。

3. 凡事有计划

中国有句老话："吃不穷，喝不穷，没有计划就受穷。"尽量按照自己的目标，有计划地做事，这样可以提高工作效率，快速实现目标。

有个名叫约翰·戈达德的美国人，当他 15 岁的时候，就把自己一生要做的事情列了一份清单，他把它称做"生命清单"。在这份清单中，他给自己设定了一生所要攻克的 127 个具体目标。比如：探索尼罗河、攀登喜马拉雅山、读完莎士比亚的著作、写一本书等。44 年后，他以超人的毅力和非凡的勇气，在与命运的艰苦抗争中，终于按计划，一步一步地实现了 106 个目标，成为了一名卓有成就的电影制片人、作家和演说家。

70. 办事勤快，不要拖拖拉拉

作风懒散，办事拖拖拉拉是许多人一惯的作风，领导交办的任务催办多次也完成不了，在领导面前表现过分高姿态，都不是领导喜欢的。相比之下，手脚勤快的下属更受领导的青睐。事无大小，都争着干，抢着做，领导心目中就会对你有好评价。

拥有健康心态的第一步，是要克服自己安于现状的惰性。很多人错误地认为经验不足和学历不高这两方面是导致跳槽失败的最大原因，殊不知惰性才是束缚手脚的最大敌人。

古希腊哲学家苏格拉底说："要使世界动，一定要自己先动。"中国的古谚语也说："早起的鸟儿有虫吃，会哭的孩子有奶喝。"在商界，早就已经过了"酒香不怕巷子深"的年代，商机往往在转瞬之间倏忽而逝，一个消极被动的企业只有死路一条，而即使是一个"巨无霸"型的成功企业，稍有松懈，也会在一夜之间轰然坍塌。一个成熟的职场人士，应该是一个不需老板提醒，能够自觉、主动行动的人；而那些驴子拉磨似的人，那些当一天和尚撞一天钟的人，那些拖拖拉拉、不求有功、但求无过的人，只能原地踏步，甚至被时代解雇，被职场拒签。

职员甲和职员乙是一家酒业公司的行政人员，由于行业竞争激烈，公司发生了财务危机。为了渡过难关，公司决定连续三月停发工资，用与工资相当的产品代替，由员工去出售。这意味着，如果他们能够以合宜的价格卖出产品，他们将获得比工资多30%以上的钱；当然，如果卖不掉，就只好自己留着享用了。这些员工都没有做过销售人员，当看到一箱箱沉甸甸的啤酒，不禁两眼一抹黑，四顾两茫茫。职员甲由于家庭负担比较重，所以没有过多的犹豫，立即起早贪黑，蹬着三轮车走街串户，深入餐厅、酒楼、招待所、工厂、农村，四处联系买家，所以他的产品仅仅用了半月就销售一空，结果三个月挣下了全年的工资。尝到甜头的他还主动要求调到销售部，后来成为公司的业务骨干。

而职员乙是个刚刚毕业的书呆子，面子思想严重。他根本就拉不下面子骑着三轮车做贩夫走卒，而是在一个居民稀少的地方破帽遮颜，守株待兔。结果三个月过去了，他的家里仍然像个啤酒仓库。

"受挫折力弱"是产生懒惰的主要原因。它事实上能够起到助长懒惰的作用。上司的赏识，是从微小的事情中积累起来的。你不能大事做不了，小事又不愿做。很多时候，小事更容易体现你勤快、扎实的工作态度，也更容易表现你自己。

有个很会表现的小伙子，大学毕业后分配到一个机关单位工作，单位的领导和同事大多是中年人，他就把打扫卫生、提开水、倒茶等小事包揽下来。每天早晨总是提前半小时到单位，扫扫地、拖拖地板，将卫生整理得井井有条，再把开水提来，给领导和同事沏上一杯茶，等其他人来了，一切已经准备得妥妥当当。不光是领导，其他同事都一致夸赞他工作积极，表现不错。

作为年轻人，工作资历浅，必须要提高业务，但搞好人际关系也同样重要。同事赞扬，领导赏识，需要年轻人勤勤恳恳地去做微小的事情，不能大事做不了，小事不愿做。小事有时更容易体现勤快，体现扎实，更容易表现自己。

71. 明日复明日，明日何其多。

古诗《明日歌》这样写道："明日复明日，明日何其多，我生待明日，万事成蹉跎。是啊，如果所有的事情都推拖到明日，那么就永远没有完成的一天，最后只能是一事无成，潦倒终身。

凡事都习惯推到明天再干的人，将永远没有明天。

有一个人向禅师请教："我想学禅，体悟人生真谛。我应该从哪里开始做起呢？"

"从这里。"禅师边说边用木棍在地上画了一条线。

那人大惑不解地问："这里是哪里？"

禅师当头棒喝道："这里就是此人、此时、此地！"

禅师的话究竟是什么意思？

禅师的意思是：不管你想学什么，你都应该马上行动起来。

有一艘海轮途中触礁，船体进水。乘客有的急忙找救生圈，有的找自己的行李，但更多的人在发牢骚：有的责怪船长，说其航行技术太差；有的骂造船厂，说其生产伪劣产品。这时，一位乘客高声喊道："我们的命运不是掌握在我们的嘴上，而是掌握在我们的手上，快堵住漏洞！"经过众人的努力，漏洞被堵住了，海轮安全地驶向了彼岸。

看了这个故事，可能很多同学都会欣赏号召堵漏洞的那位乘客。毕竟，百怨不如一干，百说不如一做，光靠嘴皮子是没用的，只有行动起来，才能解决问题。要及时行动，千万不可拖拖拉拉，以免延误了最好的时机。

有一个美国人一直想到中国旅游，于是制定了一个周密的旅行计划。他花了几个月阅读，搜集了大量资料——中国的艺术、历史、哲学、文化。他研究了中国各省地图，订了飞机票，并制定了一个详细的日程表。他标出要去观光的每一个地点，每个小时去哪里都定好了。有个朋友知道他翘首以待这次旅游，在他计划回国的那一天，到他家做客，问他："中国怎么样？"

这人答道："我猜想中国是不错的，可我没去。"他的朋友大惑不解："什么！你花了那么多时间做准备，却没有去，出什么事啦？"他回答道："我喜欢制定旅行计划，但我不愿去飞机场，所以待在家没去。"

可以看出，不管你的梦想多么美妙，计划多么周详，如果不采取任何行动，梦想只能是空想。如果梦想在没在合适的时间有效的实施，拖拖拉拉，那么梦想将永远没有实现的一天。

许多人都有今天的事情拖到明天去办的习惯，并且还要千方百计地找理由来安慰自己。可是你知道吗？要想有时间，就必须抓住每一分、每一秒，不让每天虚度。向往明天、等待明天，而放弃今天的人，就等于失去了明天，结果还是一事无成。而把握今天的秘诀就是："今天的事情今天做"。

古今中外的伟大人物无一例外的都抓住了一个个稍纵即逝的现在，立足今天、运筹今天。

只争朝夕，抓住今日，兼程而进，这就是非凡成功者的精神，也是他们的成功所在！每个人都应该牢记大剧作家莎士比亚的话：时间给勤奋者以智慧，给懒汉以悔恨。放弃时间的人，时间也会放弃他。

李洋在老师和家长眼里，绝对是一个听话的好孩子，学习成绩也很优异。本来他是一个爱说爱笑的学生，但是最近总是愁眉苦脸的，满怀心事，而且老说一些使自己泄气的话，比如："唉，我怎么这么没用啊""累死了，真不想学习了，没意思！"

班主任林老师也发现了这个问题，便把李洋叫到办公室，仔细询问。

李洋一副苦恼的样子，他说："我一直很爱学习的，我有自己的理想和目标，这学期开始，我制定了详细的计划，包括各门功课应该实现什么样的目标，在班上争取什么样的位置。为了实现这些，我连每天在什么时候要做什么事都做了明确的规定。而且我还分科独立制定目标，一门功课一张表。但是令我苦恼的是，这个计划仅仅执行了一周，第二周便不能执行了。有时是忘记了上一个时间段该做的事情，干脆下面的也不想做了；有时候感觉很累，什么也不想做，就对自己说明天再做吧，到了第二天又没做……我应该怎么办呢？"

林老师听了点点头，说："别着急，老师帮你分析分析。"

李洋的计划是制定好了，但执行不到一周就出了毛病：今天打了半天篮球，特别累，休息一下明天晚上学习；到了明天晚上，有足球赛，算了，明天晚上吧……这样不知道过了几个"明天晚上"，结果是计划一点都没执行。

我们每一个同学的脑海里可能都藏着一个或数个早就应该付诸行动的想法。你的想法也许是写一篇文章，或是早起锻炼身体，或是成绩提高 10 分等。每一个人都想追求完美，怀有不断改进自我的希望，可是像李洋一样的同学也是不少的。

其实，像李洋同学这样的问题解决起来十分简单：采取行动，而且现在就开始。任何借口都是多余的，都是心不诚的表现。成功之计在于立刻采取行动。如果所有的事情都推脱到明日，那么就永远没有完成的一天，最后只能是一事无成，潦倒终身。

72. 小事懒得做，拿什么做大事

想要成为一个成功者，唯有踏踏实实、一步一步向前走——看似缓慢，实则迅速；看来愚笨，其实蕴含着大智慧。踏踏实实地做好每一件事，哪怕只是一件小小的事，也会为人带来意想不到的成功。

一个人最优秀的品质有两种，那就是善良与智慧。智慧若是与善良结伴，那便是大智慧；智慧若是孤独前行，那就只能是小聪明。人生需要的是大智慧，最忌讳小聪明。有大智慧才能有大境界，才能用至诚至善的心灵统帅全局，游刃有余。小聪明总是急功近利、鼠目寸光，最终被困于人生的棋局。人生在世，大的聪明体现在踏踏实实地做小事情上。

为了准备人类第一次载人太空飞行，前苏联宇航局从 1960 年 3 月开始招募宇航员，训练了至少 20 名宇航员后，最终选中了加加林。然而起决定作用的，却是几周前的一个偶然事件。

在尚未竣工的陈列厂内，受训的宇航员们第一次看到东方号宇宙飞船。主设计师科罗廖夫问谁愿意试坐，加加林报了名。在进入飞船前，加加林脱下了鞋子，只穿袜子进入了还没有舱门的船舱。这一举动赢了科罗廖夫的好感，他发现这名 27 岁的青年人如此珍爱他为之倾注心血的飞船，于是决定让加加林执行这次飞行。科罗廖夫认为，如此重要的任务应该交给一个注重细节的人，他才能放心。

加加林正是通过脱鞋进舱这个细小的动作，感动了科罗廖夫，从而赢得了"一步登天"的机遇。其实，"小事落个大人情"不仅可以运用于人际交往，在商业谋略当中也有意想不到的效果。

我们千万不可小看小事情，很多时候，也许只需要好好的做完一件小事情，成功便离你不远。但倘若我们眼高手低，不屑于做小的事情，那么养活自己也会变成一件困难的事。

老子《道德经》第 63 章中说道："图难于其易，为大于其细；天下难事，必作于易；天下大事，必作于细。是以圣人终不为大，故能成其大。"意思是说：处理问题要从容易的地方入手，实现远大的目标要从细微的地方着手。天下的难事，一定从简易的地方做起；天下的大事，一定从微细的部分开始。因此，有"道"的圣人始终不一味贪图大贡献，所以才能成就大事。李斯在《谏逐客书》中说："泰山不让土壤，故能成其大；河海不择细流，故能就其深；王者不却众庶，故能明其德。"所以，大礼不辞小让，细节决定成败。"合抱之木，生于毫末；九层之台，起于累土；千里之行，始于足下。"合抱的大树，生长于细小的萌芽；九层的高台，筑起于每一堆泥土；千里的远行，是从脚下第一步开始的。把简单的事坚持做好就是不简单。伟大来自于平凡，一个成功的企业每天需要做的事，也往往就是重复着所谓的平凡小事。

列宁有这样一句名言："要成就一件大事业，必须从小事做起。"列宁不仅是这样说的，也是这样做的。1920 年 12 月，列宁亲自写信给俄罗斯国家电气化委员会，要他们解决两千万个灯泡问题。此后不久，又写信给邮电部门，要他们解决莫斯科一个会议厅的扩音器的问题，并斥责那些对具体小事拖拉推诿的人因循守旧、懒散懈怠。列宁当年做这些"小事"，是和全俄电气化等大事联系在一起的。不解决灯泡的问题，人们的照明有困难，工作、生产受影响；不解决扩音器问题，重要的会议开不好，这样就必然要延误全俄电气化和经济恢复发展。类似的小事不解决，大事必然受到损害。

列宁在他的著作中，一再地阐明小事情和大事情之间的联系，认为："做小事情是争取做大事情的最可靠的阶段"。

常听到一些青少年朋友们感慨："我很想做成一件大事，让父母和老师对我刮目相看。可是我的运气不好，一直也没有碰上重大的事情，使我的才能得不到发挥。"这使我们想起古人的一句话："勿以善小而不为，勿以恶小而为之。"是的，任何成功的人都是从小事做起的，一件小事看似不起眼，却有可能决定一个人的命运。无数成功者的经历证明：能做大事的人常常是那些不厌烦小事的人。

美国前国务卿鲍威尔就是一个很好的例子。由于他是一个黑人，当初进公司的时候，他只有一件事情可以做——搞清洁。就是这样一份不被大家所看重的工作，他却做得有板有眼，而且在工作中总结经验，找到了一种拖地板的姿势，可以把地板拖得又快又好，而且工作起来还不是很累。鲍威尔的表现被细心的老板看到了，通过一段时间的观察之后，老板断定他是一个人才，于是破例提升了他。很多年后，当鲍威尔写回忆录时，他还记得自己所积累的第一段人生经验：认真做好每一件小事。

从小事做起才能干好大事，每个人所做的工作，都是由一件件小事构成的，因此我们对工作中的小事绝不能采取敷衍应付或轻视懈怠的态度。很多时候，一件看起来微不足道的小事，或者一个毫不起眼的变化，却能实现工作中的一个突破，甚至改变商场上的一个胜负。从小事开始，逐渐增长才干，赢得领导的认可，赢得干大事的机会，日后才能干大事。

73. 别走邪路，靠双手去生存

想发横财的人，寄希望于"意外"而非"努力"上，所以与成功背道而驰。有些人确实侥幸地通过这些碰运气的行为得到一大笔钱，暂时地成了富人，但这远远不是什么成功者。

中国自古就有"马无夜草不肥，人无横财不富"的俗谚。这是一种典型的贫穷的思维。那些既贫穷又没有赚钱途径的人，常常把致富的希望寄托在发一笔横财上。所有那些给穷人提供发财机会的地方，如彩票发行点、证券交易所、赌场等，都人满为患，尽管能发财的几率极其微小。

有人曾对买彩票中大奖者前后生活状况做过调查统计，结果表明：有80%以上的中彩者生活了几年之后，又回到了未中彩之前的贫穷状态，并做着他不愿意做的营生。

在这方面，不妄想一夜暴富，既能当老板又能睡地板的温州商人能给我们以启示：

温州商人群体的崛起十分引人关注。他们的经商"秘诀"也日益引起专家学者的研究兴趣。人们公认，温州商人非常能吃苦，意志非常坚韧。温州商人自己通俗的说法是：既能当老板，又能睡地板。即使生意已经铺得比较大，温州商人仍会像初创时期一样拼命工作。那些看起来没什么钱赚的小生意，温州商人也不会嫌弃。几分钱的螺丝螺帽，几角钱的小组件，他们都会认真对待，把小生意当作事业来筹划。

一个有趣的现象是，温州商人几乎都不炒股。在几次股市热潮中，温州商人集体"缺席"，作壁上观。一向头脑灵活的温州商人竟然"放过"了暴富的机会，一时成为上海报纸的"新闻"。温州人敢闯，但不乱闯。温州商人在积累财富的过程中，非常有耐心，不妄想一夜暴富。一旦看准某项业务，就会扎下根来，踏踏实实地做事、赚钱。

诚然，在已经市场经济化的今天，每个人都有充分展示自己才能的舞台，也都有取财的途径和方法，先知先觉者，可能已经成为致富的带头人了，后知后觉者，可能刚刚入行，开始寻求发财的门路。无论如何，除非圣人，任何人都不会达到视金钱如粪土的至高境界，因为金钱可以带给我们生活的幸福和享受的资本。常常有人说：钱就是好东西，有了钱就有了一切。

无论是在单位、公司、企业或是经商，干什么工作都可以达到取财的目的，也不会遭到任何人的反对和干扰，可问题是在利益的驱动下，有些打着冠冕堂皇的下三流人物出现了。干活的拿不到多少钱，不干活的拿很多钱，如果一旦整个社会都出现了这种不均衡现象的话，恐怕天下要大乱了；更有甚者，背着良心拿黑钱，完全不顾别人的死活，也不管别人对自己的看法，这恐怕不得不引起我们的重视了。

有一个做捞金鱼的生意人，在村口摆了个摊子，立了块牌子——优胜者将获得一枚金币。村民见了就问生意人："怎样才算优胜者？是按捞鱼的数量，还是按鱼的个头大小？"生意人得意地说："这个嘛，你们自己判断！"善良的村民参加了游戏，但是发现无论捞多少、捞多大，生意人总有借口判定为出局者。慢慢的，村民开始反感生意人，也不再光顾他的铺子了。

眼看着生意一天天淡下去，生意人着急了，于是他公布了优胜者评判标准——能在3分钟内捞到10条金鱼者，就能获得优胜！消息一出，善良的村民立刻积极投入捞鱼比赛中，获得优胜的人越来越多。无奈之下，生意人只好提高标准，同时也提高了奖金——能在2分钟之内捞到10条鱼的，将获得优胜并得到2枚金币！于是村民投入更多的热情来参与捞鱼比赛，生意人反而赚到了更多的钱。

随着比赛标准不断地提高，在这群村民中诞生了全国瞩目的"捞金鱼冠军"！当初那个门庭冷落的捞鱼摊也因此一夜成名，变成全国著名冠军诞生地，每年都吸引了全国各地的优秀捞鱼者前去参观。

而捞鱼摊的生意人现在已经成为百万富翁。直到现在，每当他回想起当年的行为时，仍心有余悸。最近，这位功成名就的生意人正着手把自己的故事编写成警世寓言，流传给自己的子孙后代。

人不能受到金钱的摆布，成为金钱的奴隶，做贪欲的傀儡。否则，你只会深陷泥潭，难以自拔。每个人都想拥有金钱，它可以带给我们美好的生活，而得到金钱的方法直接关系到你所要付出的代价。一名两袖清风的官员，靠着工资维持生活，不贪污，不受贿，他能得到良心的安慰和一生的安宁。而一个搜刮民脂民膏的贪官，即使他能享受一时，迟早也会东窗事发，如陈良宇、成克杰之流，被永远钉在道德的耻辱柱上。

第十二章

小心驶得万年船，绕过
所有陷阱就等于胜利

有人说，人生路上处处充满了陷阱，你永远都不会知道你下
一刻将要跳进的是一个什么样的陷阱，我们没有先见之明，可以
让自己远离这些陷阱，唯一能做的就是小心，小心，再小心，毕
竟小心可以驶得万年船。

74. 求职时，小心高薪有陷阱

丰厚的薪酬是每个工作的人梦寐以求的，一些人抓住人们的这一心理，打着各种各样的招聘方式设下陷阱，诱惑这些人。社会上常见的高薪陷阱主要有招聘机构式陷阱，推荐工作式陷阱，网上高薪招聘陷阱，以及明码标价的高薪陷阱。

如果，你想花一分的代价，去换取十分的成果，是永远也不可能实现的。所以，我们永远也不要祈求这个世界会平白无故地给我们太多。生命在于奋斗，人生在于积累！不要好高骛远，没有谁一天就能吃成个大胖子。只要我们每天都进步一点点，每月收获一点点，每年累积一点点，日复一日，我们的生活定会慢慢丰盈起来。因此，我们在求职时要脚踏实地，实事求是，而不应该一味的只看薪资高，就一头扎进去，陷入陷阱中。下面就介绍几种常见的求职陷阱及识别方法。

1. 招聘机构式陷阱

某省出现一家海员招聘机构，他们在网络上发布带有优厚条件的信息吸引全国的大学生前来报名。应届毕业生王某受其诱惑，变卖老家房产并以休学为代价来到某省报名。

这家公司自称是国家某局下属的一家正式机构，负责为国家某局招聘海员，公司是在得到国家某局的认可、委派下开展工作的。按照规定，公司对定向委培生收取包括体检费、教材费、住宿费、英语培训费等费用，分学期缴费，其中如果是理工类专业的应、往届毕业生，只需一年专业学习，一次性费用为 34800 元。

公司的招聘条件十分宽泛，不受视力、身高等条件限制，只要交够学费就可以进行培训成为海员。小王的个子比较矮，从小就自卑，但是招聘的老师说他这样矮小的身材最合适当海员，个子太高船舱装不下。就这样，小王越来越痴迷这次的招聘。

在这家公司的网站上还贴有国家领导人到公司考察的照片，一下就吸引了小王。而且公司保证：学员毕业后就是高级船员，可以直接跑日本、韩国、巴拿马航线，年收入4万元至6万元，同时还为学员上三种保险并发放住房公积金，总之不存在就业难的问题，比国家公务员的工资还高。小王到达某市后，这家海员招聘机构一名负责人千方百计想让他赶快交钱，小王觉得可疑，便没有交钱。

其实，国家某局有关人员没有委派过任何公司招聘海员，他们也曾接到过全国很多地方的投诉，有骗子公司以国家某局的名义进行招摇撞骗。

这类骗术主要是利用了求职者想轻松获得高薪职位的投机心理或者侥幸心理，断然许诺的高薪，让很多应聘者怦然心动。这类骗术提供的职位都如同天上掉下来的馅饼，完全不需要付出努力就能获得高薪回报。例如，某招聘广告上写着：星级饭店招聘男女公关经理，无需工作经验，无学历要求，月薪可达数万元。这样的招聘广告往往是骗人的，或者是色情行业。有时候，求职者会接到类似于"某单位因业务发展诚聘业务人员，月薪1万元以上，可兼职"之类的手机短信，要求应聘者在上岗前将一定数额的"押金"或者"培训费"存到某账户。

2. 推荐工作式陷阱

这类陷阱主要存在于一些自称是"职业介绍所"的地方，他们号称能帮你找到或者推荐工作，只需要缴纳一定的费用。这些地方一般会主动出击，要求帮你推荐工作，但前提是你得缴纳"推荐费"。例如，某天你在一个楼里，忽然走过来一人拦住你，问你要不要找工作，并表示某公司需要一名文员，一眼瞧过，你的气质和素质相当高，应聘肯定没问题。当你表示希望前往联系应聘时，对方会要求你填写推荐表，交了几十上百的推荐费，然后递给你一份"推荐信"。拿到推荐信以后，前往应聘，你往往发现推荐信并不起作用，或者，很多单位会直接告诉你，该单位根本没委托这类职业介绍所来招聘文员之类的初级职位，或者目前根本不招聘这个职位。

3. 明码标价的高薪陷阱

应聘中最敏感、最麻烦的环节就是谈薪资。以往都是由企业询问求职者期望薪资，让求职者左右为难：报高了，会吓跑公司；报低了，自己又不甘心。这使得每次谈薪水都像招聘双方的一次心理战。但如果企业主动报价，主动权就能掌握在求职者手中。

李某是从某省来上海求职的大学生，她一边看着招聘广告，一边把感兴趣的职位、薪水记录在小本子上。作为外地求职者，她对上海的市场行情不太了解。看看不同公司的报价，再比对一下公司的规模、名气、地理位置、投资背景，能大致估算出职位的市场均价。心里有了谱，再去应聘那些'待遇面议'的企业就有底气了。细心阅读招聘广告，能从字里行间"读"出所需要的信息，广大年轻的求职者可要学会这一招。

薪资透明成为越来越多招聘企业的选择，此举也受到了求职者的热烈欢迎，但此种明码标价就意味着企业对求职者富有诚意吗？并不尽然。

企业薪资的公示方法有这么几类：一是标出年薪，二是标出月薪，三是给出月最低工资，即底薪。一些企业利用求职者追求高薪的心理，在种种看似透明的薪资中玩起了噱头。

"10万元年薪不是梦！"，这是某保险公司招聘代理人的广告语。保险代理人的收入主要来自保单提成，并非人人能拿高薪，更不存在固定年薪。求职者可衡量在没有佣金的情况下，固定底薪能否接受，再决定是否应聘。

有的企业动辄开出20万元、30万元甚至100万元的年薪，引来无数求职者关注。一方面，这些职位大多对学历、经验、能力和社会关系要求颇高，符合条件的人凤毛麟角；另一方面，一些企业开出巨额年薪是为了制造轰动效应，起促销作用，最后很可能一个人也不招。如果不是能力超群，这类职位大可不必理会。

一家化妆品贸易公司，其招聘启事只有寥寥数字："市场拓展部经理，月薪5000元以上；营销主管，月薪3000元以上；培训讲师，月薪2000元以上"。除此之外，既无公司介绍，又无岗位要求，求职者主动问起时，招聘者也避而不谈，反而是让求职者先把履历表填了再说。这样的企业，能让人放心吗？

某公司开出4000元月薪招一个文员。一问才知，4000元指的是公司在效益最好的时候能拿到的数字，一般情况下也就3000元不到。

企业开价一般都往高里说，很少会给出去除个税和"四金"后的真正数字，而主动询问的求职者也不多。

人生在世，祈求太多，只会让我们背负得太过沉重，只有实实在在地做人，踏踏实实地做事，认认真真地对待生活中的每一天，坚持不懈地拼搏，我们才可能拥有一份实实在在的成功。因为，天下没有免费的午餐！我们不要盲目的只看高薪，将其他的一切都放在无关紧要的地位，以至于自己陷入高薪的陷阱。

　　其实，生活对每个人都是公平的，只要你肯努力，你愿意付出，你就一定能成功，要始终相信"世上没有做不成的事，只有做不成事的人。"如果你聪明，你要多想想还有比你更聪明的人，如果你笨，你就要学会"笨鸟先飞"，比别人多花一些时间和精力，勤勤恳恳地做好身边的每一件事，一步一个脚印，只有这样，你才有机会获得成功，才有机会通过自己的拼搏获得梦想中的高薪。

75. 遇事多考虑，不要随便下决定

遇事要多考虑一段时间，尤其是遇到你难以决定的事情，首先要问自己：是否已经把该考虑的事都想到了。有没有什么遗漏。这件事是不是可行。在对待问题时，理智的做出选择，你才能实施遂意，成为一个成熟的人！

生活中，在接受某个任务，某个工作安排或者答应某人做事时，明智的人总会回答对方说："这事儿，我考虑一下！"

美国有个家庭主妇，她的朋友介绍他到某家银行去存钱，这个主妇对他的朋友说："这家银行的信誉如何我不清楚，让我考虑一下好吗？"

这个主妇在这一段时间中，注意收集有关这家银行的资讯，并在一个聚会上遇见了这家银行的董事长。主妇发现这个董事长精神不振，事业并不得意的样子。主妇从这个小细节里，认识到了这家银行不景气，于是他把钱存到了另一家银行，过后不久，朋友介绍的这家银行就倒闭了。

如果这个主妇遇事不考虑，轻率的把钱存到那家快要倒闭的银行，其结局可想而知。

爱迪生在谈到自己做事的原则时说："我学到自以为对的事，实验之后，却往往发现错误百出。因此，我对于任何事情，都不敢过早地下决定，而是要经过仔细权衡后才去做。"而现实中我们会发现，有的人遇到事情不假思索，急于去做，事后后悔不已，给人留下一种鲁莽毛躁的感觉。如果能在遇到事情多考虑一会儿，仔细权衡一下，虽然并不能保证一定能做成功，但成功率会很高，同时还会给人留下成熟稳重的印象。

我们无法预知未来，很多事成功与否常常取决于你是谨慎小心还是鲁莽草率，有些人之所以失败，就败在缺乏思考上。他们对事情的考虑总是不成熟，只求做得快，成事快，结果却败得也快。而那些头脑清醒的人，在经过周密考虑之后才会采取行动，这种把事情考虑得周到，考虑得透彻的人，做事就会又快又准，理所当然就成功了。

一个报社的记者接受了上司之命去采访一个事件。本来，这次采访工作相

当困难，当上司问他有没有问题时，这位记者却不加思索的拍着胸脯回答说："没问题，包你满意！"

过了三天，没有任何动静。上司追问他进展如何，他才老实地说："不如想象得那么简单！"当时上司虽然没有说什么，对他却已形成了做事草率的印象，并且开始对他有些反感。由于他工作的延误，导致整个部门的工作都无法正常完成。后来，上司便不再委任他重要的工作了。

这就是做事欠缺思考的结果，如果他当初多想一点，仔细分析一下困难在哪儿，提出比较好的采访方案，即使晚几天，上司也会理解。可他没有这么做，轻率的答应下来，才落得被冷落的下场。

当你遇到问题时，不要盲目的行动，而应仔细地考虑斟酌一番。等到你对那个问题完全了解，对于解决方法有了充分的把握之后，再不妨一试，因为这时你已经无所顾忌了。

事情的成败，往往取决于对事情的掌握程度。千万不要在事实还不允许的情况下，草率行事。在许多时候，多考虑考虑，就能避免一些不必要的差错。

76. 交朋友要慎重，宁缺毋滥

有些时候，事情的实质并不是它表面显现的样子，在错综复杂的现实中，我们要有一双善于发现实质的眼睛，一颗细致柔软的心。在遇到事情时，不要被事情的表象所迷惑，应该先用自己的智慧来分辨信息的真伪，再慎重作决定。这一点也同样体现在交朋友中，交朋友一定要慎重，切不可在对一个人没有过多的认识时，就称兄道弟，把对方当作自己的知心朋友。

在当今这个充满物欲的社会里。人们更容易被表面的东西迷惑和蒙蔽。如果不能深入地了解对方，那就不要随便对别人评头论足，也不要去要求别人如何如何。

有些人外表美丽动人，光彩照人，可是我们却很难知道他有着什么样的内心。开始接触时，我们往往只是注意他的外表，尤其是那些对于交情很浅，了解不多的人，只有通过外表才能判断。但想知道一个人的内心，就只能耐心地交往下去。

2008 年初，我到一家公司求职认识了小张，通过短时间的接触我感觉他社会经验很丰富，为人很会变通，也很圆滑。由于我很喜欢交朋友，我们就经常在一起喝酒。小张很会说，说的话句句在理。他平时说的最多的就是做人一定要懂得变通，亲兄弟明算账，做人要诚信，等等。

由于我和小张在一起上班，所以经常一起吃饭喝酒。他每天都只带一点钱，基本都是我付账。但这些都不算什么，几顿饭还请得起。有一次，公司里面一个领导的父亲去世，公司集体去参加葬礼。晚上 12 点大家散伙后，小张和我说："兄弟，借我点钱我回南坪。"我当时也没带多少钱，就帮他去找别的朋友借了 50 元。

大半个月时间过去了，由于工作开销比较大，我的钱基本上所剩无几。这天上午我们都没带多少钱，不够车费和饭钱，我知道他平时的生活费都是他女朋友给的，只有去取了 100 元，中午吃饭的时候，他叫我请他喝一瓶啤酒，结果他喝了一瓶又一瓶，没完没了。我当时真的很生气，真想丢他一个人在这里，看他付账时怎么办。

没过两天，他又和我说："兄弟，借我200元，等工资发了就还你钱。"

4月初，我换工作了，就没怎么再见面。后来，我给他打过几次电话，他都爱理不理，更加没提还钱的事情。快过年了，我给他电话，第一次提出要他还钱，他说工资没发。之后，就音讯全无。

俗话说："在家靠亲人，出门靠朋友"。在我们的现实生活中，朋友是不可缺少的，这不仅仅是因为朋友在我们有困难时可以为我们两肋插刀，更主要的是我们需要朋友来充实生活，但我们在交朋友时一定要慎重，宁缺勿滥，以下九种朋友万万不可交。

1. **城府太深型**。有些朋友韬光养晦，把自己包得很紧，相处几十年从不讲自己的想法，也很难挑出他的毛病。与这样的人相处，使人怀疑他的真心何在。

2. **奉承谄媚型**。这样的朋友表面上十分热情，处处投你所好，骨子里却另有所图。

3. **唯利是图型**。这类朋友是"万能胶"，粘上很麻烦。这种人占便宜没够，吃亏难受，占不到便宜就立马不理你。

4. **搬弄是非型**。有些人本事不大，搬弄是非的能力却很大，好传闲话，甚至无中生有。一个团队中如果有一两个这类人物，很难保持团结。

5. **口蜜腹剑型**。这种人当面把你当作挚友，但只要出现有损于他利益的事情，可能马上翻脸。

6. **轻诺寡信型**。有些人当面大包大揽，过后却不做事情，毫无诚信，对这种人不可托付办事。

7. **言不及义型**。这类朋友兴之所至，高谈阔论，东拉西扯，言不及义，与这种人相处，毫无进益可言。

8. **过分亲密型**。有些朋友好奇心太盛，对别人的事情总要问个底朝天。与这种朋友相处，使人感觉很累。

9. **过分冷淡型**。有些人生性孤僻，不愿与人交际，常常你热情相交，他却爱搭不理。

不管你遇到什么类型的人，若想成为朋友，就要"对症下药"，熟知其脾性，了解其为人处世之态度，每个人都有其优点，避开其缺点还是能成为朋友的。

77. 不要把自己的缺点暴露给对手

成大事需要的是智慧而不是小聪明，耍小聪明、锋芒毕露往往是招灾引祸的根源。一个处处喜欢显露精明的人，不会得到别人真正的认可，更得不到别人的栽培与信任，只会处处碰壁。智者总是深藏不露，善于韬光养晦，出手即是尘埃落定之时。

真人不露相，做人不能太单纯。做人不要太单纯，就是要我们在日常生活和工作中善于掩藏自己的锋芒，不要总是夜郎自大，要谦虚，要懂得"真人不露相"的道理。

不要把自己的缺点暴露给别人，不论什么时候，也不管对方是敌是友。适当的谦虚无可厚非，但是不能够谦虚过度，不然会毁掉你在别人心目中的形象，尽管你的实际情况并没有你说得那么糟糕。这就需要我们在与人相处中，做到以下几点。

1. **抱头藏尾，待机而动**。在错综复杂的社会中，刻意炫耀才能，有时会招致旁人的忌恨，并且有轻浮之嫌。因此，做人要留有余地，不要太张扬。锋芒毕露，必会四处碰壁。做人不要锋芒毕露，这一点一定要谨记。如果一个人锋芒毕露，不分场合的显才摆谱，一定会遭到别人的嫉恨和非议，甚至引来杀身之祸。在现实中，不乏才高八斗之人，但即使你的能耐再高，也不可全部显露出来，尤其是在与对手对峙时，更应该学会隐而不发，为自己留一手，让对手捉摸不透你的深浅。

2. **任何时候都别把软肋露出来**。人生在世，最重要的莫过于时时留一手，尤其是自己的弱点，更不可暴露出来。否则，你只能处处挨打，时时碰壁。

洪应明在《菜根谭》中认为：富者应多施舍，智者亦不炫耀，操履不可少变，锋芒不可太露。他指出："富贵家宜宽厚，而反忌刻，是富贵而贫贱其行矣！如何能享？聪明人亦敛藏，而反炫耀，是聪明而愚俗其病矣！如何不败？"这段话的意思是：一个富贵的家庭待人接物应该宽厚仁义，假如反而刻薄无礼，这种人的行为跟贫贱之人就没有什么不同了，又如何能够长久享有财富呢？聪明人应该懂得敛藏自己的锋芒，假如喜欢炫耀，就和愚昧粗俗之人一样了，又如何能够不失败呢？

3. **藏与露，关键在于"度"。**有时，你表现得精明过人，并不一定是好事。要知道，精明过了头，在外人看来就是犯傻。有时装装糊涂，遇事不那么较真，反而对你有利，结局圆满。

在现实生活中，为防止别人洞察到你的内心，就必须处处谨慎，不可暴露你的短处，以免你将来受制于人或被人利用。

78. 不要轻信别人，凡事多留个心眼

现实生活中，凡事多长个心眼，防患于未然，是融通处世、一生顺达的必要前提。人心隔肚皮，知人知面不知心。在与人交往中，害人之心不可有，但防人之心不可无。

害人之心不可有，防人之心不可无，所谓"防"，强调的是一种防范意识，防止他人因利益关系对自己进行恶意攻击，也防止自己无谓地将软肋展示给对手，从而陷自己于被动之地。现实生活中，凡事多长个心眼，防患于未然，是融通处世、一生顺达的必要前提。人心隔肚皮，知人知面不知心。在现实社会中，明暗往往交织在一起，让人不知所措，难以适应。而且很多人吃亏上当，就是由于轻信朋友、轻信同事、轻信一面之交的人，这都是缺乏理性的"提防"意识、情感倾向性较强的表现。

明枪易躲，暗箭难防。做人切不可存侥幸之心，以为自己是幸运儿，灾难祸患都会绕着自己走。如果这样，就有可能使自己受到重创。要切记：任何时候都不能掉以轻心，免得被别人算计。

最放心的地方最易失防，有很多人使用"两面"交际的手法，表面上对你是百般友好，甚至比亲兄弟还要亲。但在利益的面前他们却暴露了阴险狡诈的一面，在你不加防备的时候，从背后狠狠地捅一刀，让你后悔也来不及。

得意不忘形，失意不失态。人在顺境时最易忘乎所以、失去警惕，这样往往会栽跟头；人在逆境时则容易意志消沉、自暴自弃，失去前进的动力。所以，做人贵在以超然之心看待自己的得与失，要做到得意时不忘形，失意时不失态。

人生在世，难免要与人交往，合作共事。要想赢得对方的信赖，就需要造势设局。以设局来获得共鸣，以共鸣赢得人心。这样才能控制对方，把握全局。在与人的交往中，一定要留住自己制胜的法宝在最后面，不要泄露自己的

底牌。

俗话说"害人之心不可有、防人之心不可无"。在社会上存在着不法之徒的情况下，"防人之心"是少不得的。特别是涉世不深的我们更应保持警觉，完善自己的积极心理防卫机制。

有一次，待业女青年梅伦乘车去往南方某地探亲，在途中与一位看似很"富态"的中年男士坐在了一起。那男子十分热情，自称是某外企的人事部经理，到内地招工，并拿出名片给她看。梅伦正为工作犯愁，当即表示愿前往报考。中年男子允诺她当秘书，听罢此言，梅伦感激不尽，跟他下了车，住进一家旅店。就在这一夜里，梅伦遭到了侮辱，并被抢走了身上仅有的一点钱，原来这位自称经理的人，是个流氓诈骗犯。

可见，在与陌生人交往时，过于天真是要不得的。行骗者是"心理专家"，他们十分注意研究人们的心理，并善于利用人们爱慕虚荣、急功近利、贪图享乐等心理弱点，采取投其所好的伎俩把自己伪装成事业的强者、职位上的优者、经济上的阔者，以诱人上钩并巧妙解除人们的心理防卫体系，最终达到行骗的目的。因此，麻痹轻信是骗子们成功行骗的心理助手和帮凶。

1. 不要被虚假的表面所蒙蔽

在同陌生人初次打交道时，人们习惯于以貌取人，对风度翩翩、仪表堂堂的人容易产生好感。骗子正是利用人们这种爱慕虚荣、追求美貌的心理，精心包装自己的外表，借以蒙蔽他人，诱使人们上当。因此，在同陌生人打交道时，千万要提高警惕，绝不要被表面现象所蒙蔽。

2. 不要被甜言蜜语所打动

甜言蜜语易于麻醉人们，骗子们自然是懂得这一点。他们善于献殷勤，套近乎，以骗取人们的好感。因此，人们在甜言蜜语面前不妨多长一个心眼，对献殷勤者保持一定距离。

3. 不要被不实的承诺所迷惑

人们容易对他人的承诺表示感激而产生信赖感。此时，也正是人们防卫心理开始失效的当口。待业女青年梅伦便是如此。因此，对于陌生人的承诺，一定要有所警惕，毕竟萍水相逢之人的承诺往往是靠不住的，一旦轻信，就只有成为骗子们的猎物。

当然，加强积极防卫的心理并不是要人们把自己封闭起来，拒绝与人交往，也不是风声鹤唳，草木皆兵，闹到"谈虎色变"，谨小慎微的地步。只要我们在与陌生人打交道时，做到热情而不失控，真诚而不轻信，那么形形色色的骗局在你面前都将无法得逞。

79. 跳槽要慎重，跳就要跳好

当你觉得目前的待遇不高时，想到了跳槽；当你对老板不满时，想到了跳槽；当你与同事发生矛盾时，想到了跳槽；当你的工作没有任何成效时，想到了跳槽。跳槽已经成为许多人逃避各种问题的挡箭牌，稍有不顺就拿跳槽当退路，这样的举动不但不能使自己的事业获得更好的发展，反而会给事业的道路设置障碍。因此当我们有了跳槽的念头后，要慎重的考虑清楚，再决定是否跳槽，总而言之，跳槽一定要慎重。

经过无数次跳槽过后，我落脚在一家外资公司打工。说实话，在这家公司工作还不到三个月时间，因为这样那样的原因，我又动了跳槽的念头。一有时间，我就抱着求职表在人才市场转来转去，渴望能找到一份更好的工作。

这天是星期天，一个春节打算回家的朋友托我帮她去车站买票，我答应了。本以为是小事一桩，没想到赶到车站，才发现人山人海，买票的人在售票窗前排起了好几条长队。无可奈何，我只得硬着头皮，加入到排队的人群里。

排着排着，我所站的那条队伍突然好几分钟都没有再往前迈一步了。穿过长长的队伍往售票处看，原来是一个买票的跟售票员发生了争执。虽然听不见他们在争些什么，但我还是没有耐心等到他们将争执结束，几乎连想都没想，我就冲出队伍，排在另一条队伍的尾巴上。

但是，在另一条队伍排了一会儿，我便有了个新的发现：可能是某一个售票员的办事效率特别高，有条队伍往前行进的速度特别快。我暗暗地在心里比较了一下，按这种速度，要想快点买到票，最好是赶紧让自己排进这条队伍里。于是，我再度冲出队伍，排在了那条队伍的尾巴上。

紧跟着，因为这样那样的原因，我又有了两次新的发现，同时也跟着换了两次队。最后，当我第六次对自己所排的队伍不满意，打算再选择一条队伍时，我突然发现，在那五支被我换掉的队伍里，那些曾经跟我一起排队的人，早已经排在队伍的中间，距离售票口越来越近了。而我，却因为自己自以为是的反复选择，仍然排在队伍的尾巴上……

一个多小时后，我买到了车票。走出车站，想起刚才排队的情景，再想到几年来自己的无数次跳槽，我忽然明白了一个道理。

第二天，回到公司，我的脑子里再也没有了跳槽的念头。不仅如此，我还打算脚踏实地在这家公司干下去。

现在是一个专业分工非常精细的时代，一个人的精力有限，不可能样样精通，在每个行业或者专业里都获得成功，而只能选择其中的一个行业或者专业，长期地干下去，从而形成自己的核心竞争力。所谓核心竞争力，就是在某行业或某专业里，你所具有的别人不具备的优势，就是俗语所说的："有了金刚钻，敢揽瓷器活。"

而跳槽太过频繁的人，往往得不偿失。因为工作能力的培养，要经过一个相对长的时间，如果经常跳槽转行，往往什么都会一点，但什么都不精通、不专业，只好一直做不需要精通专业技术的初级工作。

汪中求在《营销人的自我营销》一书中讲了一个很好的道理：人一生的发展，或者是沿着专业的方向发展，或者是沿着行业的方向发展；不能在专业或者行业之间跳来跳去，他认为不分专业、行业地盲目跳槽，是人生的最大浪费。

我非常赞同他的观点，人生最大的浪费，是选择的浪费。

频繁跳槽不可取，对于那些经常炒公司鱿鱼的应聘者，招聘单位往往心存芥蒂，担心你到他们公司后也干不长。用人单位的主管往往是疑人不用，如果对你有疑心，你就很难有出头机会。

洪小莲是李嘉诚的秘书，几十年来一直追随李嘉诚，她从几千元的工薪族，做到身家上亿的工薪族，享受的是公司成长的回报。这种回报并非是因她个人的学识和经验有了大幅度的提高而得到的等价交换，很大程度上仅仅因为她忠诚地呆在这趟车上。

一个年轻人的职业定位决定了他们的成功高度，而这个高度是不可能超越公司的成功高度的。只有公司成功了，你自己才能成功。试想一下，如果美国通用电气公司是个糟糕透顶的企业，那么怎么会有总裁韦尔奇的成功？跳槽可能会增加你一时的收入，但这种个人收入的增长，与一家企业由小到大给你带来的收入增长是无法相提并论的。

已经30岁的王涓一说起自己当初频频跳槽的经历就十分后悔。最初，她在一家知名软件公司上班，公司实力雄厚，给她的待遇也不错，说实话，王涓很喜欢这份工作。由于工作勤奋，又努力认真，因此她深受主管的赏识，前途一片光明。这个时候，王涓是从没有想过跳槽的，她非常希望能在这个有着广大发展空间的公司里，展翅高飞，做出一番作为。但是，随着时间的推移，这份工作的弊病开始显现出来，由于工作量大，经常加班，王涓常常感到疲惫不堪，难以承受，健康上也出现了很多问题。但是由于待遇不错，职业发展空间大，她还是坚持了下来。可是，当她碰到好友李敏之后，她的心就无法平静了。李敏在一家大型广告公司工作，不仅工作清闲，而且待遇丰厚。王涓想到自己的工作那么辛苦，待遇也不比人家多，于是毅然辞职了。她不听老板的劝告，跳槽去了上海一家广告公司。

初到一个陌生的环境，王涓显得很不适应。这里，她不仅人际关系一片茫然，工作上更是陷入一片混沌之中。由于转了行，一切都要从新开始。以前的工作经验用不上，新的工作又不熟悉，此时，她感到一种巨大的压力，觉得自己失去了一样东西，那就是自信。她看着同事工作熟练自如，工资也比自己高，逐渐感到慌乱起来，不但没有了原来的自信、大方，而且总是担心出错，受到老板的责罚。在整个公司，她的业绩也一直处于最落后的地位，老板对她视而不见，更别说欣赏和提拔了。在这种状况下，她感到前途一片渺茫，不禁后悔起来。心情越来越糟的她，面对"业务空窗"，又想到了跳槽。她觉得自己不适合这份工作，需要寻求更新、更适合自己的职位。接下来，她换了好几份工作，可每次都因为种种原因而辞职，为此她陷入了"求职—跳槽—求职"的怪圈。

就这样，她的职业道路进入"恶性循环"，在她30岁的时候，事业发展和经济条件依然没什么好转。"我真是后悔啊！想当初，多少人羡慕我，工作环境好，待遇也不错，可是，我却错误地选择了跳槽。就这样跳来跳去，到现在，什么也没做好。许多当初不如我的同学、同事如今都比我强了。"王涓如此感慨。

也许大多数人跳槽是为了寻求更大的发展空间，"择良木而栖"，跳槽跳得好，就可以找到更适合自己发展的空间，从而大展身手，如鱼得水，使自己的事业发生重大转变。但是实际上，很多人在决定跳槽的时候，都没有对自己目前的事业形势作出正确的认识，对自己跳槽的举动欠缺理智的判断，从而在跳槽后仍然一事无成，后悔莫及。其实，上班工作也会跟排队买票一样，只要够踏实，只要够执着，就能买到属于自己的那张票。